어르신을 위한 밥상은 따로있다!

고령친화 수산식품

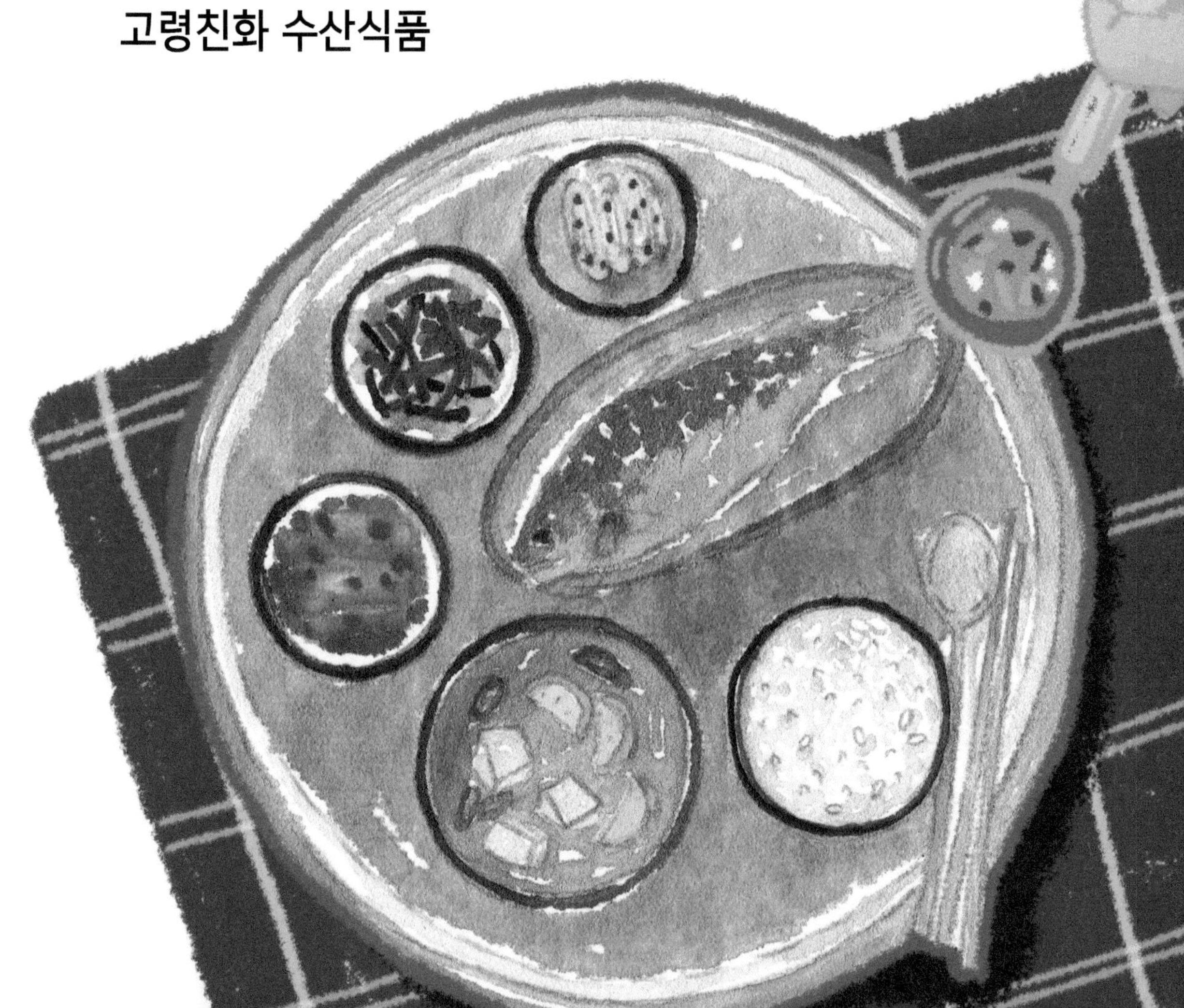

발간사 Preface

인류는 예전부터 무병장수(無病長壽)의 꿈을 실현시키기 위해 수많은 노력을 해왔습니다. 그로 인한 결실로 의학과 과학기술이 발달하고 풍요로워진 식생활을 영위하게 되면서 우리의 기대수명은 해가 거듭 될수록 늘어나고 있지만 무병한 상태로 건강하게 살 수 있는 건강수명 기간은 오히려 짧아지고 있다는 통계자료를 접한바 있습니다.

그래서인지 요즘 노년기를 건강하게 보내려면 어떻게 생활할지에 대한 관심이 증가하면서 '건강한 식품'이나 '내 몸에 맞는 식품'을 찾는 소비자가 증가하고 있는 추세이고, 이에 따라 방송매체에서도 각종 질환 예방이나 건강유지에 효과가 좋은 식품을 추천하는 내용이 자주 소개되고 있습니다. 특히, 세계적으로 코로나 19 팬데믹 현상이 장기화되면서 건강한 식생활에 대한 소비자의 관심은 더욱 높아져 '식품'을 선택할 때 '건강'과 함께 연계하여 소비하는 경향으로 바뀌어 가고 있습니다.

이러한 가운데, 단백질을 비롯해 각종 미네랄 등 영양성분이 풍부해 영양균형 면에서 중요한 역할을 담당해 왔던 수산물은 다양한 기능성 성분을 함유하고 있는 우수한 식량자원으로서도 가치가 높이 평가됨에 따라 소비자들도 자연스레 건강식품 소재로 인식하고 있습니다.

최근 우리나라 인구구조 변화를 살펴보면 65세 이상 인구 비중이 '25년에는 20.3%로 급격히 높아져 초고령 사회로 진입할 것이라는 전망이 나올 정도로 세계에서 가장 빠른 고령화 진행 속도를 보이고 있습니다. 이에, 정부에서도 고령층을 대상으로 한 새로운 산업 육성의 필요성을 느껴 '고령친화식품'을 5대 유망식품 중 하나로 지정하고 이를 육성하기 위한 방안으로 「고령친화산업진흥법」의 대상 제품에 '식품'을 추가하고 '고령친화 우수식품 지정' 등 다양한 노력을 기울이고 있습니다. 그러나 아직까지도 인간의 성장과정, 신체활동 및 소비취향 변화 등을 고려한 맞춤형 수산식품을 찾아보기 쉽지 않은 상황입니다. 이처럼 빠르게 변화하고 있는 인구학적 변화에 발맞추기 위해서라도 고령자의 치아상태, 소화 및 면역능력 저하 등과 같은 신체기능 약화에 따른 수산물의 물성과 영양성분 등을 조절한 고령자 전용 수산식품 개발이 필요합니다.

이에, 국립수산과학원에서는 고령자의 식품섭취나 소화 등을 돕기 위해 수산물의 물성을 조절하는 가공기술을 접목하고 영양성분 및 소화율을 고려한 고령자 맞춤형 레시피를 개발하여 간행물로 발간하게 되었습니다. 이 책은 우리의 부모님 그리고 향후에는 우리에게도 필요한 정보를 담고 있어 더욱 뜻깊게 느껴지고, 고령세대의 건강과 노후생활에 대한 관심을 개별적 관심이 아닌 사회적 관심으로 인식하는 계기마련에 도움이 되리라 기대합니다.

앞으로도 국립수산과학원은 건강한 식재료인 수산물을 안심하고 국민들이 섭취함으로서 건강한 삶의 유지에 도움이 될 수 있도록 최선의 노력을 다 하겠습니다.

국립수산과학원장 최 완 현

목 차 Contents

고령친화식품에 대한 정의

어르신을 위한
건강하고 편한 음식

고령 친화식품에 대한 정의

· 고령친화식품에 대한 정의는 일본을 제외하고는 대부분의 국가에서 명확히 하고 있지 않고, 주로 질병을 가진 노인 환자를 대상으로 하는 건강기능식품이나 환자용 특수용도식품 등을 고령친화식품으로 보고 있는 경우가 대다수이다. 우리나라에서도 대부분의 국가와 같이 고령친화식품에 대하여 정의를 하고 있지 않았으나 최근 식품의약품안전처에서 식품공전에 이를 명확히 규정하고 있으며, 그 내용은 아래와 같다.

· 소비자들이 고령화되어 감에 따라 씹는 기능, 소화 기능 등이 저하되어 식생활에 어려움을 겪거나 만성질환을 앓고 있는 경우가 많아 고령자들은 영양공급이 우수한 식품, 소화가 잘되는 식품, 부드러운 식품, 전통적으로 먹어왔던 식품, 간편하게 조리할 수 있는 식품 등을 선호하고 있어 건강증진, 노후생활의 질 개선 등을 위한 고령자 대상의 식품 개발이 필요하게 되었다.

· 식품의약품안전처에서는 고령친화식품을 고령자의 식품섭취나 소화 등을 돕기 위하여 1) 식품의 물성을 조절하거나, 2) 소화에 용이한 성분이나 형태가 되도록 처리하거나, 3) 영양성분을 조정하여 일정 규격에 적합하도록 제조 및 가공한 식품으로 정의하였다.

· 고령친화식품은 고령자의 섭취 뿐만 아니라 이에 따른 소화와 흡수, 대사, 배설 등의 생리적 특성을 고려하여 제조 및 가공된 식품을 의미한다. 또한 고령친화식품은 고령자에게 결핍되기 쉬운 칼슘, 비타민 A 등을 비롯한 풍부한 무기질을 함유하고 있으며, 노화로 인한 미각과 후각 등 감각 기능의 저하, 치아 손실 및 구강 질환 등을 겪는 고령자의 기호에 맞는 향과 맛, 형태 등도 고려되어야 한다.

· 고령친화식품에 대한 국내 정부기관에서의 정의는 식품위생법과 한국산업표준에서 다음과 같이 실시하고 있다.

01 | 식품위생법

식품의약품안전처에서 관리하고 있는 「식품의 규격 및 기준」의 「제3 영·유아 또는 고령자를 섭취대상으로 표시하여 판매하는 식품의 기준 및 규격」은 다음과 같이 제조·가공을 위한 기준 조건을 제시하고 있다(표1).

<표 1> 식품의 규격 및 기준의 제3. 영·유아 또는 고령자를 섭취대상으로 표시하여 판매하는 식품의 기준 및 규격」

기준근거	항 목	기준 · 규격
식품의 규격 및 기준	정의	고령자를 섭취대상으로 표시하여 판매하는 식품(고령친화식품)이란 '제5. 식품별 기준 및 규격'의 1. 과자류, 빵류 또는 떡류 ~ 24. 기타식품류(다만, 기타가공품은 제외)에 해당하는 식품 중 고령자의 식품 섭취나 소화 등을 돕기 위해 식품의 물성을 조절하거나, 소화에 용이한 성분이나 형태가 되도록 처리하거나, 영양성분을 조정하여 제조·가공한 것을 말한다.
	제조·가공 기준	(1) 고령자의 섭취, 소화, 흡수, 대사, 배설 등의 능력을 고려하여 제조·가공하여야 한다. (2) 미생물로 인한 위해가 발생하지 아니하도록 과일류 및 채소류는 충분히 세척한 후 식품첨가물로 허용된 살균제로 살균 후 깨끗한 물로 충분히 세척하여야 한다(다만, 껍질을 제거하여 섭취하는 과일류, 과채류와 세척 후 가열과정이 있는 과일류 또는 채소류는 제외). (3) 육류, 식용란 또는 동물성수산물을 원료로 사용하는 경우 충분히 익도록 가열하여야 한다. (4) 고령자의 식품 섭취를 돕기 위하여 다음 중 어느 하나에 적합하도록 제조·가공하여야 한다. - 제품 100 g 당 단백질, 비타민A, C, D, 리보플라빈, 나이아신, 칼슘, 칼륨, 식이섬유 중 3개 이상의 영양성분을 제8. 일반시험법 12. 부표 12.10 한국인 영양섭취기준 중 성인남자 50~64세의 권장섭취량 또는 충분섭취량의 10% 이상이 되도록 원료식품을 조합하거나 영양성분을 첨가하여야 한다(다만, 특정 성별 연령군을 대상으로 하는 제품임을 명시하는 경우 해당 인구군의 영양섭취기준을 사용할 수 있다). - 고령자가 섭취하기 용이하도록 경도 500,000 N/m^2 이하로 제조하여야 한다.
	규격	① 대장균군 : n=5, c=0, m=0(살균제품에 한함) ② 대 장 균 : n=5, c=0, m=0(비살균제품에 한함) ③ 경 도 : 500,000 N/m^2 이하(경도조절제품에 한함) ④ 점 도 : 1,500 mPa·s 이상 (경도 20,000 N/m^2 이하의 점도조절 액상제품에 한함)

출처: 식품의약품안전처. 2020. 식품공전 Retrieved from http://www.foodsafetykorea.go.kr/foodcode/index.jsp on Feb 11, 2020

02 | 한국산업표준

한국산업표준(KS H 4897 : 2020)에 제시되어 있는 고령친화식품의 품질에 대한 기준 · 규격은 표 2와 같다.

<표 2> 고령친화식품에 대한 한국산업표준

<table>
<tr><th>기준근거</th><th>항 목</th><th colspan="4">기준 · 규격</th></tr>
<tr><td rowspan="9">한국
산업
표준</td><td>적용
범위</td><td colspan="4">이 표준은 고령자의 식품 섭취 · 소화 · 흡수 · 대사 등을 돕기 위해 식품의 물성, 형태, 성분 등을 조정하여 제조 · 가공한 고령친화식품에 대하여 규정한다.</td></tr>
<tr><td>인용
표준</td><td colspan="4">다음의 인용표준은 전체 또는 부분적으로 이 표준의 적용을 위해 필수적이다. 발행연도가 표기된 인용표준은 인용된 판만을 적용한다. 발행연도가 표기되지 않은 인용표준은 최신판을 적용한다.
KS H 1101, 가공식품 일반표시기준/ KS H 1202, 회분 함량 시험방법/KS H 1204, 조단백질 함량 시험방법/KS Q ISO 4121, 관능검사(정량적 반응 척도 사용을 위한 지침)</td></tr>
<tr><td>용어와
정의</td><td colspan="4">1) 1 단계(치아 섭취) : 고령자의 신체적 특성을 고려하여 치아로 씹어서 섭취 가능한 물성을 가지도록 제조한 고령친화식품을 말함
2) 2단계(잇몸 섭취) : 고령자의 신체적 특성을 고려하여 잇몸으로 으깨어 섭취 가능한 물성을 가지도록 제조한 고령친화식품을 말함
3) 3단계(혀로 섭취) : 고령자의 신체적 특성을 고려하여 혀로 섭취 가능한 물성을 가지도록 제조한 고령친화식품을 말함</td></tr>
<tr><td>종류
및 등급</td><td colspan="4">1단계(치아 섭취) / 2단계(잇몸 섭취) / 3단계(혀로 섭취)</td></tr>
<tr><td rowspan="5">품질</td><td rowspan="2">구 분</td><td colspan="3">기준</td></tr>
<tr><td>1단계
(치아섭취)</td><td>2단계
(잇몸섭취)</td><td>3단계
(혀로섭취)</td></tr>
<tr><td>성 상</td><td colspan="3">고유의 색택과 향미를 가지고 이미, 이취 및 이물이 없어야 한다.</td></tr>
<tr><td>경도[1) (N/m^2)</td><td>50,000 초과 -500,000 이하</td><td>20,000 이하 -50,000 이하</td><td>20,000 이하</td></tr>
<tr><td>점도[2)] (mPa·s)</td><td>-</td><td>-</td><td>1,500 이상</td></tr>
</table>

한국 산업 표준	품질	영양 성분[3]	단백질	6 g/100 g 이상
			비타민 A	75 μg RAE/100 g 이상
			비타민 C	10 mg/100 g 이상
			비타민 D	1.5 μg/100 g 이상
			리보플라빈	0.15 mg/100 g 이상
			나이아신	1.6 mg NE/100 g이상
			칼슘	80 mg/100 g 이상
			칼륨	0.35 g/100 g 이상
			식이섬유	2.5 g/100 g 이상

1) 단일 원재료가 아닌 경우, 경도가 가장 높은 원재료를 기준으로 하여 적용한다. 단, 씹지않고 그대로 삼켜 섭취하는 정제, 캡슐, 환, 과립, 액상, 분말 형태의 제품은 해당기준을 적용하지 아니한다.
2) 점도 측정이 불가한 제품(예 : 젤리, 두부 등)의 경우, 해당 기준을 적용하지 아니한다.
3) 영양성분 중 1개 이상의 항목을 충족하여야 한다. 단, 1회 섭취 열량이 500 Kcal 이상인 제품(단, 특수용도 식품 및 즉석섭취 · 편의식품류에 한함) 및 각주[1]에서 경도 기준을 적용하지 않는 제품은 3개 이상의 항목을 충족하여야 한다.

고령 친화식품 표시

· 표시기준은 KS H 1101(가공식품 일반표시 기준)에 따라 표시해야 하고, 고령친화식품 단계 구분 표시 도표는 시험하여 구한 경도 값(N/m²)으로 하며, 단계별 기준에 적합한지의 여부를 판정한다. 시료의 경도 값(N/m²)이 500,000 이하 ~ 50,000 초과일 경우 '1단계(치아 섭취)', 50,000 이하 ~ 20,000 초과일 경우 '2단계(잇몸 섭취)', 20,000 이하일 경우 '3단계(혀로 섭취)'로 구분하여 해당 단계의 도표를 주표시면 또는 정보표시 면에 표시하여야 한다.

그림01 고령친화식품 단계별 구분 표시도표

그림02 고령친화식품 심벌 마크(세로형,가로형)

출처: 한국산업표준. 2020. 고령친화식품(KS H 4897:2020).

고령친화수산식품 레시피

부드럽게 씹고,
편하게 넘기자!

수산물의 물성단계 조절 기술을 활용한 고령친화수산식품 레시피 개발

다소비 어류(고등어, 삼치, 꽁치, 멸치, 명태, 참조기, 넙치, 눈다랑어)의 소비 확대를 목적으로 물성단계 조절기술을 활용한 고령친화식품용 레시피 개발 및 관련 서적 발간에 의하여 가정간편식(HMR) 개발을 위한 기초 자료 제공은 물론이고, 병원급식, 요양원 급식과 같은 단체급식 등에서 조리원이 손쉽게 재현할 수 있도록 하고자 하였다.

다소비 어류는 생산량과 소비량을 토대로 8종을 선정하였고, 이를 활용한 고령친화 수산식품은 물성단계조절 기술, 영양성분 및 소화율을 고려하여 각 단계별 1개 품목을 선정하여 총 24종의 레시피를 개발하였다.

다소비 어류 8종(고등어, 삼치, 꽁치, 멸치, 명태, 참조기, 넙치, 눈다랑어)을 활용한 고령친화수산식품의 레시피 개발 품목은 아래와 같다.

	1단계(치아 섭취)	2단계(잇몸 섭취)	3단계(혀로 섭취)
명 태	해쉬브라운	크림그라탕	야채미음
참조기	과열증기구이	고구마 샐러드	토마토무스
넙 치	데리야끼구이	야채죽	달걀찜
눈다랑어	함박스테이크	달걀완탕	토마토스튜

고등어 과열증기구이

고등어 과열증기구이는 고등어를 과열증기 구이기로 구워 촉촉하고, 담백하여 대표적인 고령친화식품용 생선 요리이며, 밥과 함께 먹으면 좋습니다.

물성단계 

소요시간* 

*소요시간은 원료부터 포장까지 제품의 완성시간을 의미

해동방법 유수해동(흐르는 물에서 해동)

조리형태 한식류 / 구이류

맛의특징 부드럽고 담백한 맛

물성 조절기술 과열증기**

물성 조절시간 

**과열증기 : 대기압 하에서 수증기를 더욱 가열하여 포화온도 (100℃)이상의 상태로 만든 고온의 수증기 (포화온도 이상으로 가열된 증기)

재료는 이렇게 준비하세요!

주원료

고등어 500 g

비린내 저감

구연산, 레몬즙, 식초

밑 간

후추 1/2 t (1 g), 소금 1/2 t (1 g)

T : table spoon (테이블 스푼, 큰 술, 5 g)

t : tea spoon (티스푼, 작은 술, 2 g)

C : cup (컵, 200 mL)

조리는 이렇게 하세요!

1단계
고등어 준비

· 원료가 선어인 경우 그대로 사용하되, 냉동 고등어인 경우 유수해동을 한다.

2단계
고등어 순살 제조

· 고등어는 머리 및 내장을 제거하고 포(fillet)를 뜬다.
· 포 뜬 고등어 순살을 세척하고 가볍게 물기를 제거한다.

3단계
비린내 저감화 및 밑간

· 고등어 순살의 비린내를 저감하기 위해 구연산, 식초 또는 레몬즙 등을 첨가한 물에 약 10분간 침지한다.
· 비린내를 저감한 고등어 순살의 밑간을 위해 10% 소금물에 20분간 담궈 염지한다.
· 염지 한 고등어 순살을 흐르는 물에서 가볍게 세척하고 물기를 제거한 다음 소량의 후추를 뿌린다.

4단계*
고등어 구이의 제조
(과열증기구이)

· 과열증기구이기에 종이 호일을 깔고, 그 위에 껍질이 위로 가도록 고등어를 올려준다.
· 과열증기구이기로 5분간 구워준다.

조리 TIP

· 고등어 과열증기구이 섭취 시 선호하는 소스와 함께 드시면 더욱 좋습니다.
· 가정에서 조리 할 경우 비린내 제거를 위하여 우유에 침지하여도 좋습니다.

5단계
포장, 금속 검출

· 과열증기구이기를 활용하여 제조한 고등어 구이를 포장한다.
· 이물 제어를 위하여 금속검출기를 통과한다.

6단계
제품 유통

· 고등어 과열증기구이를 냉장 또는 냉동하여 유통한다.

* 물성단계 조절 공정 : 과열증기구이(조리단계 4단계)

고등어 어탕

고등어 어탕은 다진 마늘과 다진 고추를 넣어 칼칼하게 양념한 토속적인 한식류이며, 밥과 함께 한 끼 식사로 섭취하기에 좋습니다.

물성단계 

소요시간* 

*소요시간은 원료부터 포장까지 제품의 완성시간을 의미

해동방법 유수해동(흐르는 물에서 해동)

조리형태 한식류 / 탕류

맛의특징 시원하고 칼칼한 맛

물성 조절기술
삶기
마쇄(갈아서 매우 곱게 으깨기)
열탕(100℃에 가깝게 끓이기)

물성 조절시간 

재료는 이렇게 준비하세요!

주원료 고등어 200 g
비린내 저감 월계수 잎, 생강
양 념 다진 마늘 2 T (10 g), 고춧 가루 2 T (10 g), 국간장 2 T (10 g), 된장 5 T (25 g), 들깨가루 4 T (20 g), 산초가루 4 t (8 g), 소금 1/2 t (1 g)
부재료 배춧잎 100 g, 대파 5 g, 양파 10 g, 홍고추 1개, 풋고추 1개, 물 4 C (800 mL)

T : table spoon (테이블 스푼, 큰 술, 5 g)
t : tea spoon (티스푼, 작은 술, 2 g)
C : cup (컵, 200 mL)

조리는 이렇게 하세요!

1단계
고등어 준비

· 원료가 선어인 경우 그대로 사용하되, 냉동 고등어인 경우 유수해동을 한다.

2단계
고등어 전처리(순살 제조)

· 고등어는 머리 및 내장을 제거하고 포(fillet)를 뜬다.
· 포 뜬 고등어 순살을 세척하고 가볍게 물기를 제거한다.

3단계*
비린내 저감 및 삶기, 마쇄

· 월계수 잎과 생강편을 넣어 끓인 물에 고등어 순살을 10분간 삶은 후, 고등어 육을 체에 거르고 월계수 잎과 생강편을 제거한다.
· 체에 걸러진 고등어 육을 마쇄한다.

4단계
어탕 양념의 제조

· 다진 마늘, 고춧 가루, 국간장, 된장, 들깨 가루, 산초가루, 소금을 골고루 섞어 양념을 제조한다.

5단계
야채 준비

· 배추는 고등어 삶은 물에 데쳐 준비한다.
· 데친 배추, 대파, 양파, 고추는 잘게 다져준다.

6단계*
어탕의 제조(열탕)

· 냄비에 물과 마쇄한 고등어, 다진 야채, 양념을 넣고 5분간 끓여준다.

조리 TIP · 소면을 삶아 함께 드시면 색다른 맛을 즐길 수 있습니다.

7단계
포장, 금속 검출

· 고등어 어탕을 포장한다.
· 이물 제어를 위하여 금속검출기를 통과한다.

8단계
제품 유통

· 고등어 어탕을 냉장 유통한다.

* 물성단계 조절 공정 : 삶기 및 마쇄(조리단계 3) / 열탕(조리단계 6)

고등어 고구마 샐러드

고등어 고구마 샐러드는
증자 고등어 포, 삶은 고구마,생크림을
활용해 물성을 부드럽게 만든 요리로
간식이나 후식으로 먹으면 좋습니다.

물성단계  

소요시간* 

*소요시간은 원료부터 포장까지 제품의 완성시간을 의미

해동방법 유수해동(흐르는 물에서 해동)

조리형태 양식류 / 샐러드류

맛의특징 부드럽고 달콤한 맛

물성 조절기술 증자(스팀으로 찌기)
마쇄(갈아서 매우 곱게 으깨기)

물성 조절시간 

재료는 이렇게 준비하세요!

주원료 고등어 20 g, 고구마 100 g

비린내 저감 구연산, 식초, 레몬즙

밑간 소금, 후추

샐러드 제조
생크림 50 g, 소금 1 t (2 g),
설탕 1 t (2 g), 당근 5 g

T : table spoon (테이블 스푼, 큰 술, 5 g)
t : tea spoon (티스푼, 작은 술, 2 g)
C : cup (컵, 200 mL)

조리는 이렇게 하세요!

1단계
고등어 준비

· 원료가 선어인 경우 그대로 사용하되, 냉동 고등어인 경우 유수해동을 한다.

2단계
고등어 전처리(순살 제조)

· 고등어는 머리 및 내장을 제거하고 포(fillet)를 뜬다.
· 포 뜬 고등어 순살을 세척하고 가볍게 물기를 제거한다.

3단계
비린내 저감 및 밑간

· 고등어 순살의 비린내를 저감하기 위해 구연산, 식초 또는 레몬즙 등을 첨가한 물에 약 10분간 침지한다.
· 비린내를 저감한 고등어 순살의 밑간을 위해 10% 소금물에 20분간 담가 염지한다.
· 염지 한 고등어 순살을 흐르는 물에서 가볍게 세척하고 물기를 제거한 다음 소량의 후추를 뿌린다.

4단계*
증자 및 마쇄

· 얇게 저민 생강편과 함께 고등어 순살을 5분간 증자하고, 생강을 제거한 후 마쇄한다.

5단계
고구마 및 야채 삶기

· 고구마를 삶고, 껍질을 벗긴 후 마쇄한다.
· 당근은 잘게 다진 후 10분간 삶아준다.

6단계
샐러드 제조

· 마쇄한 고등어 살과 으깬 고구마, 생크림, 삶은 당근, 설탕, 소금을 넣고 섞어준다.

· 고등어 고구마 샐러드를 가정에서 조리 시 고구마를 미리 삶아두면 조리 시간을 단축할 수 있습니다.
· 가정에서 조리 시 단호박, 감자 등을 활용해 샐러드를 만들면 다양한 맛을 즐길 수 있습니다.

7단계
포장, 금속 검출

· 고등어 고구마 샐러드를 포장한다.
· 이물 제어를 위하여 금속검출기를 통과한다.

8단계
제품 유통

· 고등어 고구마 샐러드를 냉장하여 유통한다.

*물성단계 조절 공정 : 증자 및 마쇄(조리단계 4)

삼치 간장조림

삼치 간장조림은 담백한 삼치 살에
고추를 넣어 칼칼한 맛을 낸 간장 소스를 함께
조림한 한식류로 밥과 함께 먹으면 좋습니다.

물성단계 

소요시간* 

*소요시간은 원료부터 포장까지 제품의 완성시간을 의미

해동방법 유수해동(흐르는 물에서 해동)

조리형태 한식류 / 구이류

맛의특징 짭쪼름하고 칼칼한 맛

물성 조절기술 굽기(전기팬)
조리기

물성 조절시간 

재료는 이렇게 준비하세요!

주원료 삼치 200 g
비린내 저감 구연산, 식초, 레몬즙
양 념 고추 1 개, 물 2 C, 간장 4 T (20 g), 맛술 2 T (10 g), 설탕 1.5 t (3 g), 올리고당 1 T (5 g), 다진 마늘 8 g, 후추 1/2 t (1 g)
부재료 무 100 g, 대파 20 g

T : table spoon (테이블 스푼, 큰 술, 5 g)
t : tea spoon (티스푼, 작은 술, 2 g)
C : cup (컵, 200 mL)

조리는 이렇게 하세요!

1단계
삼치 준비

· 원료가 선어인 경우 그대로 사용하되, 냉동 삼치인 경우 유수해동을 한다.

2단계
삼치 순살 제조

· 삼치는 머리 및 내장을 제거하고 포(fillet)를 뜬다.
· 포 뜬 삼치 순살을 세척하고 가볍게 물기를 제거한다.

3단계
비린내 저감

· 삼치 순살의 비린내 저감을 위해 구연산, 식초 또는 레몬즙 등을 첨가한 물에 약 10분간 침지한다.
· 침지 후 삼치 순살을 가볍게 세척하고, 탈수한다.

4단계
양념 제조

· 물, 간장, 맛술, 설탕, 올리고당, 후추, 다진 마늘과 다진 고추를 골고루 섞어준다.

5단계
야채 손질

· 대파와 무는 먹기 좋은 크기로 잘라준다.
· 무와 파는 끓는 물에 익혀준다.

6단계*
굽기 및 조리기

· 삼치를 구우면서 무, 대파, 양념을 넣고 졸여준다.

7단계
삼치 간장조림 제조

· 소스가 끓기 시작하면 약한 불로 졸여서 양념이 삼치에 배일 수 있게 한다.

조리 TIP

· 가정에서 직접 조리 시에는 비린내 저감을 위해 쌀뜨물을 사용하면 좋습니다.

8단계
포장, 금속 검출

· 삼치 간장조림을 포장한다.
· 이물 제어를 위하여 금속검출기를 통과한다.

9단계
제품 유통

· 삼치 간장조림을 냉장 또는 냉동 유통한다.

*물성단계 조절 공정 : 굽기(전기팬) 및 조리기(조리단계 6)

삼치 로제그라탕

삼치 로제그라탕은 삼치 살과, 감자, 새콤한 로제 소스에 치즈를 올려 오븐에 구워먹는 제품으로 크림의 부드러움과 토마토의 새콤함이 어우러져 간식이나 부식으로 섭취하기 좋습니다.

물성단계 

소요시간* 

*소요시간은 원료부터 포장까지 제품의 완성시간을 의미

해동방법 유수해동(흐르는 물에서 해동)

조리형태 양식류 / 그라탕류

맛의특징 부드럽고 새콤한 맛

소스 로제 소스

물성 조절기술 레토르트** 마쇄(갈아서 매우 곱게 으깨기)

물성 조절시간 

** 레토르트(Retort) : 가압포화수증기로 식품의 온도를 100℃ 이상으로 가열하는 장치 (주로 통조림 등의 식품을 가열 및 살균할 때 사용)

재료는 이렇게 준비하세요!

주원료 삼치 200 g
비린내 저감 월계수 잎, 생강
부재료 감자 (20 g), 후추 1/2 t (1 g), 슈레드 치즈 (10 g),
로제소스 휘핑크림 25 g, 우유 12 g, 마늘 분말 1.5 t (3 g), 양파 분말 1.5 t (3 g), 토마토 페이스트 26 g, 치킨 스톡 1/2 t (1 g), 소금 1/2 t (1 g), 설탕 1/2 t (1 g)

T : table spoon (테이블 스푼, 큰 술, 5 g)
t : tea spoon (티스푼, 작은 술, 2 g) C : cup (컵, 200 mL)

조리는 이렇게 하세요!

1단계
삼치 준비

· 원료가 선어인 경우 그대로 사용하되, 냉동 삼치인 경우 유수해동을 한다.

2단계
삼치 순살 제조

· 삼치는 머리 및 내장을 제거하고 포(fillet)를 뜬다.
· 포 뜬 삼치 순살을 세척하고 가볍게 물기를 제거한다.

3단계*
비린내 저감 및 레토르트, 마쇄

· 레토르트 파우치에 삼치, 월계수 잎, 생강편을 넣고 3시간 동안 레토르트에서 고온고압 처리한 후, 월계수 잎과 생강편을 제거한다.
· 고온고압 처리한 삼치 순살을 마쇄한다.

4단계
감자 손질

· 껍질을 깐 감자에 소금, 후추 간을 한 후 전자레인지에 5분간 돌려준다.

5단계
로제 소스 제조

· 냄비에 양파 분말, 마늘 분말을 넣고 휘핑크림을 넣어 섞어준다.
· 우유, 토마토 페이스트, 치킨스톡, 설탕, 소금을 넣고 약한 불에 점성이 생길 때까지 끓여준다.

6단계
삼치 로제그라탕 제조

· 그릇에 마쇄한 삼치 살과 감자를 넣고 로제 소스를 부어준다.
· 슈레드 치즈를 위에 올린 후 오븐(180℃)에 넣고 치즈가 녹을 정도로 구워준다.

조리 TIP

· 로제 소스 제조 시 바질 가루, 통후추 등을 첨가하면 향이 더욱 좋습니다.
· 로제 소스 제조 시 파마산 치즈, 크림 치즈를 첨가하면 진한 치즈 맛을 낼 수 있습니다.

7단계
포장, 금속 검출

· 삼치 로제그라탕을 포장한다.
· 이물 제어를 위하여 금속검출기를 통과한다.

8단계
제품 유통

· 삼치 로제그라탕을 냉동하여 유통한다.

*물성단계 조절 공정 : 레토르트 처리 및 마쇄(조리단계 3)

삼치 화이트무스

삼치 화이트무스는 삼치와 크림 소스를 섞어 만든 제품으로,
고소하고 담백하여 간식이나 후식으로 먹기에 좋습니다.

물성단계 

*소요시간은 원료부터 포장까지 제품의 완성시간을 의미

해동방법 유수해동(흐르는 물에서 해동)

조리형태 양식류 / 무스류

맛의특징 고소하고 담백한 맛

물성 조절기술
레토르트**
마쇄(갈아서 매우 곱게 으깨기)
열탕(100℃에 가깝게 끓이기)

물성 조절시간 

** 레토르트(Retort) : 가압포화수증기로 식품의 온도를 100℃ 이상으로 가열하는 장치 (주로 통조림 등의 식품을 가열 및 살균할 때 사용)

재료는 이렇게 준비하세요!

주원료 삼치 200 g
비린내 저감 구연산, 식초, 레몬즙
화이트소스 휘핑크림 30 g, 우유 10 g, 양파 분말 1.5 t (3 g), 마늘 분말 1.5 t (3 g), 소금 1/2 t (1 g)

T : table spoon (테이블 스푼, 큰 술, 5 g)
t : tea spoon (티스푼, 작은 술, 2 g)
C : cup (컵, 200 mL)

조리는 이렇게 하세요!

1단계
삼치 준비

· 원료가 선어인 경우 그대로 사용하되, 냉동 삼치인 경우 유수해동을 한다.

2단계
삼치 순살 제조

· 삼치는 머리 및 내장을 제거하고 포(fillet)를 뜬다.
· 포 뜬 삼치 순살을 세척하고 가볍게 물기를 제거한다.

3단계
비린내 저감

· 삼치 순살의 비린내 저감을 위해 구연산, 식초 또는 레몬즙 등을 첨가한 물에 약 10분간 침지한다.
· 침지 후 삼치 순살을 가볍게 세척하고, 물기를 제거한다.

4단계*
레토르트 및 마쇄

· 레토르트 파우치에 삼치를 넣고 3시간 동안 레토르트 고온고압 처리 하여 준 후 삼치 순살을 마쇄한다.

5단계*
화이트 소스 제조(열탕)

· 휘핑크림, 우유, 양파 분말, 마늘 분말, 소금을 넣고 섞은 후 마쇄 삼치 살을 넣고 5분간 끓여준다.

6단계
삼치 화이트 무스 제조

· 무스틀에 담아 오븐(180℃)에서 30분간 구워준다.

조리 TIP

· 가정에서 조리 시, 삼치를 된장에 10분간 침지하면 비린냄새를 제거하는데 효과적입니다.

7단계
포장, 금속 검출

· 삼치 화이트무스를 포장한다.
· 이물 제어를 위하여 금속검출기를 통과한다.

8단계
제품 유통

· 삼치 화이트무스를 냉장 또는 냉동하여 유통한다.

*물성단계 조절 공정 : 레토르트 및 마쇄(조리단계 4) / 열탕(조리단계 5)

꽁치 카레감자전

꽁치 카레 감자전은 카레 가루를 넣은 감자전으로 구운 감자 특유의 쫀득하고 바삭한 식감과 향긋한 카레 향이 어우러져 독특한 맛을 내는 한식 요리류입니다.

물성단계 

소요시간* 

*소요시간은 원료부터 포장까지 제품의 완성시간을 의미

해동방법 유수해동(흐르는 물에서 해동)

조리형태 한식류 / 전류

맛의특징 바삭하고 고소한 맛

물성 조절기술 증자(스팀으로 찌기)
마쇄(갈아서 매우 곱게 으깨기)

물성 조절시간 

재료는 이렇게 준비하세요!

주원료 꽁치 130 g, 감자 250 g

비린내 저감 카레 가루

부재료 카레 가루 1 T (5 g),
전분 3 T (15 g),
소금 1/2 t (1 g),
후추 1/2 t (1 g)

T : table spoon (테이블 스푼, 큰 술, 5 g)
t : tea spoon (티스푼, 작은 술, 2 g)
C : cup (컵, 200 mL)

조리는 이렇게 하세요!

1단계
꽁치 준비

· 원료가 선어인 경우 그대로 사용하되, 냉동 꽁치인 경우 유수해동을 한다.

2단계
꽁치 순살 제조

· 꽁치는 머리 및 내장을 제거하고 포(fillet)를 뜬다.
· 포 뜬 꽁치 순살을 세척하고 가볍게 물기를 제거한다.

3단계*
비린내 저감 및 증자, 마쇄

· 비린내 저감을 위해 카레 가루를 묻힌 꽁치를 5분간 증자 한 후 마쇄한다.

4단계
감자 밑간

· 감자는 용기에 담고 소금, 후추 간을 한 후 전자레인지에 넣고 5분간 돌려준다.

5단계
반죽

· 꽁치 살, 감자, 카레 가루, 전분을 넣고 혼합하여 반죽을 만든다.

6단계
성형 및 구이

· 일정량으로 성형(원형)을 한다.
· 기름을 두른 팬에 앞뒤로 구워준다.

조리 TIP
· 꽁치는 기름이 많아 반죽을 만들 때 전분으로 조절하여 만들면 좋습니다.
· 꽁치 카레 감자전의 성형을 예쁘게 하고 싶으면 성형틀을 사용하면 좋습니다.

7단계
포장, 금속 검출

· 꽁치 카레감자전을 포장한다.
· 이물 제어를 위하여 금속검출기를 통과한다.

8단계
제품 유통

· 꽁치 카레감자전을 냉동하여 유통한다.

*물성단계 조절 공정 : 증자 및 마쇄(조리단계 3)

꽁치 카레완자

꽁치 카레완자는 진한 카레 소스와 담백한 꽁치 완자가 어우러져 겉은 바삭하고 속은 부드러운 제품으로, 간식이나 부식으로 섭취하기 좋습니다.

물성단계 

소요시간* 

*소요시간은 원료부터 포장까지 제품의 완성시간을 의미

해동방법 유수해동(흐르는 물에서 해동)

조리형태 한식류 / 완자류

맛의특징 진하고 고소한 맛

물성 조절기술 삶기
마쇄(갈아서 매우 곱게 으깨기)

물성 조절시간 

재료는 이렇게 준비하세요!

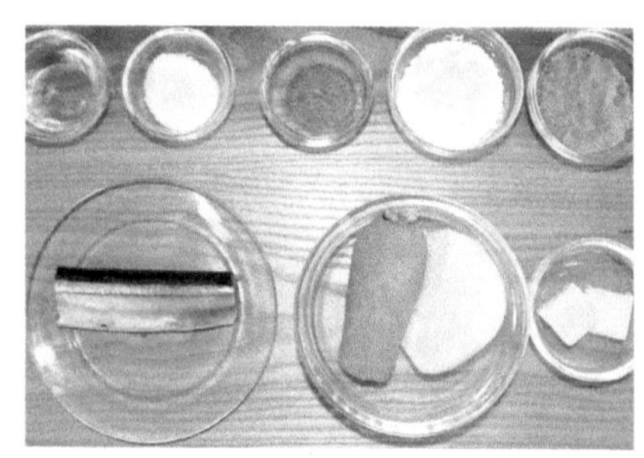

주원료 꽁치 100 g

비린내 저감 월계수 잎, 생강

카레 제조 카레 가루 4 T (20 g), 물 1 C (200 mL), 맛소금 1/2 t (1 g), 후추 1/2 t (1 g), 버터 1 t (2 g), 양파 40 g, 당근 30 g

부재료 양파 60 g, 당근 40 g, 소금 1/2 t (1 g), 후추 1/2 t (1 g)

T : table spoon (테이블 스푼, 큰 술, 5 g)
t : tea spoon (티스푼, 작은 술, 2 g) C : cup (컵, 200 mL)

조리는 이렇게 하세요!

1단계
꽁치 준비

· 원료가 선어인 경우 그대로 사용하되, 냉동 꽁치인 경우 유수해동을 한다.

2단계
꽁치 순살 제조

· 꽁치는 머리 및 내장을 제거하고 포(fillet)를 뜬다.
· 포 뜬 꽁치 순살을 세척하고 가볍게 물기를 제거한다.

3단계*
비린내 저감 및 삶기, 마쇄

· 꽁치와 월계수 잎, 생강편을 물에 넣어 5분간 삶고 난 후, 월계수 잎과 생강을 제거하고 체를 이용해 꽁치 육을 분리한다.
· 삶은 꽁치 살을 마쇄한다.

4단계
야채 손질 및 카레 제조

· 당근, 양파를 잘게 다져 준 후 팬에 볶아 수분을 날려준다.
· 냄비에 물, 카레 가루, 볶은 양파와 당근을 넣고 끓여준다.
· 버터를 넣어 카레를 부드럽게 만들어준다.

5단계
완자 반죽

· 마쇄한 꽁치 육과 전분, 다진 양파, 다진 당근, 맛소금, 후추를 섞어 완자 형태로 반죽을 한다.
· 기름을 두른 후라이팬에 꽁치 완자를 구워준다.

6단계
꽁치 카레 완자 완성

· 꽁치 완자에 카레를 부어 완성한다.

조리 TIP

· 가정에서 조리 시 고형 카레 대신 카레 가루를 사용하면 조리시간이 단축됩니다.

7단계
포장, 금속 검출

· 꽁치 카레완자를 포장한다.
· 이물 제어를 위하여 금속검출기를 통과한다.

8단계
제품 유통

· 꽁치 카레완자를 냉동하여 유통한다.

*물성단계 조절 공정 : 삶기 및 마쇄(조리단계 3)

꽁치 달걀찜

뚝배기에 중탕하여 만든 꽁치 달걀찜은 보들보들한 식감과 꽁치의 고소한 맛으로 대표적인 한식 요리류이며, 부식으로 함께하기 좋습니다.

물성단계 

소요시간* 

*소요시간은 원료부터 포장까지 제품의 완성시간을 의미

해동방법 유수해동(흐르는 물에서 해동)

조리형태 한식류 / 찜류

맛의특징 부드럽고 고소한 맛

물성 조절기술 증자(스팀으로 찌기)
마쇄(갈아서 매우 곱게 으깨기)
열탕(100℃에 가깝게 끓이기)

물성 조절시간 

재료는 이렇게 준비하세요!

주원료 꽁치 100 g, 달걀 3개
비린내 저감 월계수 잎, 생강
육수 제조 물 1 C (200 mL),
멸치 다시팩 1개, 가스오부시 농축액 1 t (2 g)
간 부여 새우젓 1 T (5 g),
후추 1/2 t (1 g)

T : table spoon (테이블 스푼, 큰 술, 5 g)
t : tea spoon (티스푼, 작은 술, 2 g)
C : cup (컵, 200 mL)

조리는 이렇게 하세요!

1단계
꽁치 준비

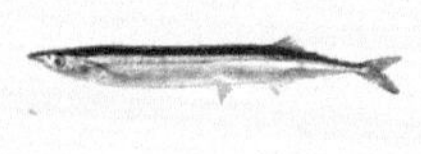

· 원료가 선어인 경우 그대로 사용하되, 냉동 꽁치인 경우 유수해동을 한다.

2단계
꽁치 순살 제조

· 꽁치는 머리 및 내장을 제거하고 포(fillet)를 뜬다.
· 포 뜬 꽁치 순살을 세척하고 가볍게 물기를 제거한다.

3단계*
비린내 저감 및 증자, 마쇄

· 꽁치와 월계수 잎, 생강편을 물에 넣고 5분간 증자한 후 월계수 잎과 생강편을 제거한다.
· 증자한 꽁치 순살을 마쇄한다.

4단계
육수 제조

· 냄비에 물, 멸치 다시팩, 가쓰오부시 농축액을 넣고 10분간 끓여 육수를 제조한다.

5단계*
꽁치 달걀찜의 제조(열탕)

· 달걀을 체에 걸러 알끈을 제거한다.
· 육수에 달걀, 마쇄한 꽁치 살, 새우젓, 후추를 넣고 중탕으로 15분간 익혀준다.

조리 TIP

· 꽁치 달걀찜 제조 시 체에 거르는 횟수를 늘릴수록 식감이 부드러워져 좋습니다.

6단계
포장, 금속 검출

· 꽁치 달걀찜을 포장한다.
· 이물 제어를 위하여 금속검출기를 통과한다.

7단계
제품 유통

· 꽁치 달걀찜을 냉장하여 유통한다.

*물성단계 조절 공정 : 증자 및 마쇄(조리단계 3) / 열탕(조리단계 5)

멸치 함박스테이크

데미그라 소스를 곁들인 멸치 함박스테이크는
촉촉하고 짭쪼름한 맛을 내는 양식류의 한 종류로
밥과 함께 먹어도 좋습니다.

물성단계 

소요시간* 

*소요시간은 원료부터 포장까지 제품의 완성시간을 의미

해동방법 유수해동(흐르는 물에서 해동)

조리형태 양식류 / 함박스테이크류

맛의특징 부드럽고 촉촉하며 짭쪼름 한 맛

소스 데미그라 소스

물성 조절기술 굽기(오븐)
마쇄(갈아서 매우 곱게 으깨기)

물성 조절시간 

재료는 이렇게 준비하세요!

주원료 멸치 200 g

비린내 저감 구연산, 식초, 레몬즙

데미그라 소스 밀가루 2 T (10 g), 버터 2 T (10 g), 돈까스 소스 1/2 T (1 g), 케첩 1 T (5 g), 후추 1/2 T (1 g)

부재료 돼지고기 다짐육 38 g, 흰자 90 g, 케첩 2 T (15 g), 간장 1 T (15 g), 설탕 1/2 t (1 g), 소금 1/2 t (1 g), 후추 1/2 t (1 g)

T : table spoon (테이블 스푼, 큰 술, 5 g)
t : tea spoon (티스푼, 작은 술, 2 g) C : cup (컵, 200 mL)

조리는 이렇게 하세요!

1단계
멸치 준비
· 원료가 선어인 경우 그대로 사용하되, 냉동 멸치인 경우 유수해동을 한다.

2단계
멸치 순살 제조
· 멸치는 머리 및 내장을 제거하고 포(fillet)를 뜬다.
· 포 뜬 멸치 순살을 세척하고 가볍게 물기를 제거한다.

3단계
비린내 저감
· 멸치 순살의 비린내 저감을 위해 구연산, 식초 또는 레몬즙 등을 첨가한 물에 약 10분간 침지한다.
· 침지 후 멸치 순살을 가볍게 세척하고, 탈수한다.

4단계*
오븐 구이 및 마쇄
· 비린내를 저감한 멸치 순살을 오븐에 넣고 2분간 구운 다음 마쇄한다.

5단계
데미그라 소스 제조
· 후라이팬에 버터를 녹여준 후 밀가루를 넣고 섞어준다.
· 돈까스 소스, 케첩, 후추를 넣고 저어가면서 물로 농도를 조절한다.

6단계
반죽 및 구이
· 마쇄한 멸치육과 돼지고기 다짐육, 달걀 흰자, 케첩, 간장, 설탕, 소금, 후추를 넣고 섞어 스테이크 반죽을 만든다.
· 스테이크 반죽을 기름을 두른 팬에 구워준다.

7단계
멸치 함박스테이크 완성
· 함박스테이크에 데미그라 소스를 부어 완성한다.

조리 TIP
· 함박스테이크 반죽 시 빵가루를 추가하여 바삭함을 더해줘도 좋습니다.
· 데미그라 소스가 없을 때에는 케첩이나 머스타드와 함께 섭취해도 좋습니다.

8단계
포장, 금속 검출
· 멸치 함박스테이크를 포장한다.
· 이물 제어를 위하여 금속검출기를 통과한다.

9단계
제품 유통

· 멸치 함박스테이크를 냉동하여 유통한다.

*물성단계 조절 공정 : 굽기(오븐) 및 마쇄(조리단계 4)

멸치 야채솥밥

멸치 야채솥밥은 부드러운 조직감과
고소한 맛이 있는 죽으로 주식이나
부식으로 섭취하기 좋습니다.

물성단계

소요시간*

*소요시간은 원료부터 포장까지 제품의 완성시간을 의미

해동방법	유수해동(흐르는 물에서 해동)
조리형태	한식류 / 죽류
맛의특징	부드럽고 고소한 맛
물성 조절기술	증자(스팀으로 찌기) 마쇄(갈아서 매우 곱게 으깨기) 열탕(100℃에 가깝게 끓이기)

물성 조절시간

재료는 이렇게 준비하세요!

주원료 멸치 200 g, 찹쌀 100 g

비린내 저감 구연산, 식초, 레몬즙

육수 제조 물 4 C (800 mL), 멸치 다시팩 1개, 무 1개, 맛소금 1 t (2 g), 가쓰오부시 3 t (6 g)

부재료 당근 35 g, 표고버섯 15 g, 양파 35 g, 대파 35 g, 마늘 2개, 참기름 2 T (10 g)

간 부여 간장, 소금, 깨

T : table spoon (테이블 스푼, 큰 술, 5 g)

t : tea spoon (티스푼, 작은 술, 2 g) C : cup (컵, 200 mL)

조리는 이렇게 하세요!

1단계 멸치 준비	· 원료가 선어인 경우 그대로 사용하되, 냉동 멸치인 경우 유수해동을 한다.
2단계 멸치 순살 제조	· 멸치는 머리 및 내장을 제거하고 포(fillet)를 뜬다. · 포 뜬 멸치 순살을 세척하고 가볍게 물기를 제거한다.
3단계 비린내 저감	· 멸치 순살의 비린내 저감을 위해 구연산, 식초 또는 레몬즙 등을 첨가한 물에 약 10분간 침지한다. · 침지 후 멸치 순살을 가볍게 세척하고, 탈수한다.
4단계* 증자 및 마쇄	· 비린내를 저감한 멸치 순살을 4분간 증자하고 난 후 마쇄한다.
5단계 찹쌀 준비	· 찹쌀은 물에 약 20분간 불려준다.
6단계* 육수의 제조(열탕)	· 물, 멸치 다시팩, 무, 맛소금, 가쓰오부시를 넣고 5분간 끓인 후 마쇄한 멸치 육을 넣고 5분간 더 끓여준다.
7단계 멸치 야채솥밥의 제조	· 후라이팬에 참기름을 두르고 다진 당근, 다진 양파, 불린 찹쌀을 넣고 볶아준다. · 볶은 후 육수, 표고버섯, 대파, 다진마늘을 넣고 밥을 짓는다. · 간장, 소금, 깨를 첨가한다.

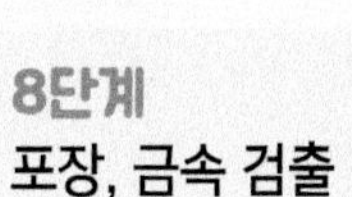

조리 TIP

· 가정에서 조리 시 육수에 멸치를 익히면 비린내 저감과 동시에 깊은 맛을 내어 좋습니다.

8단계 포장, 금속 검출	· 멸치 야채솥밥을 포장한다. · 이물 제어를 위하여 금속검출기를 통과한다.
9단계 제품 유통	· 멸치 야채솥밥을 냉장 또는 냉동하여 유통한다.

*물성단계 조절 공정 : 증자 및 마쇄(조리단계 4) / 열탕(조리단계 6)

멸치 화이트스튜

화이트 소스를 기본으로 한
멸치 화이트스튜는 담백하면서도
우유의 고소함이 더해져 부드러운 식감을 주는
양식류로, 식사나 간식으로도 좋습니다.

물성단계 

소요시간* 

*소요시간은 원료부터 포장까지 제품의 완성시간을 의미

해동방법 유수해동(흐르는 물에서 해동)

조리형태 양식류 / 스튜류

맛의특징 부드럽고 고소한 맛

물성 조절기술
삶기
마쇄(갈아서 매우 곱게 으깨기)
열탕(100℃에 가깝게 끓이기)

물성 조절시간 

재료는 이렇게 준비하세요!

주원료 멸치 200 g
비린내 저감 구연산, 식초, 레몬즙
크림 제조 휘핑크림 120 g, 우유 28 g,
양파 분말 1 t (2 g),
마늘 분말 1 t (2 g),
전분 1.5 t (3 g), 소금 1 t (2 g)
간 부여 소금, 후추

T : table spoon (테이블 스푼, 큰 술, 5 g)
t : tea spoon (티스푼, 작은 술, 2 g) C : cup (컵, 200 mL)

조리는 이렇게 하세요!

1단계
멸치 준비

· 원료가 선어인 경우 그대로 사용하되, 냉동 멸치인 경우 유수해동을 한다.

2단계
멸치 순살 제조

· 멸치는 머리 및 내장을 제거하고 포(fillet)를 뜬다.
· 포 뜬 멸치 순살을 세척하고 가볍게 물기를 제거한다.

3단계
비린내 저감

· 멸치 순살의 비린내 저감을 위해 구연산, 식초 또는 레몬즙 등을 첨가한 물에 약 10분간 침지한다.
· 침지 후 멸치 순살을 가볍게 세척하고, 물기를 제거한다.

4단계*
삶기 및 마쇄

· 비린내를 저감한 멸치 순살을 2분간 삶은 후 마쇄한다.

5단계
화이트 크림 제조

· 휘핑크림, 우유, 양파 분말, 마늘 분말, 전분, 소금을 넣고 약한불로 끓여준다.

6단계*
멸치 화이트 스튜 제조(열탕)

· 마쇄한 멸치 육을 크림에 넣고 끓여준다.
· 소금, 후추를 이용하여 간을 맞춰준다.

· 멸치 화이트스튜 제조 시 버섯, 양파 등을 추가하면 풍미가 다양해져 좋습니다.

7단계
포장, 금속 검출

· 멸치 화이트스튜를 포장한다.
· 이물 제어를 위하여 금속검출기를 통과한다.

8단계
제품 유통

· 멸치 화이트스튜를 냉장 또는 냉동하여 유통한다.

*물성단계 조절 공정 : 삶기 및 마쇄(조리단계 4) / 열탕(조리단계 6)

명태 해쉬브라운

명태 해쉬브라운은 담백한 명태와
잘게 썬 감자를 사용하여 담백하고 바삭한 식감을 나타내는
대표적인 양식류로, 아침 대용이나 간식으로 먹기에 좋습니다.

물성단계 

소요시간*  

*소요시간은 원료부터 포장까지 제품의 완성시간을 의미

해동방법 유수해동(흐르는 물에서 해동)

조리형태 양식류 / 튀김류

맛의특징 바삭하고 담백한 맛

물성 조절기술 에어프라이
마쇄(갈아서 매우 곱게 으깨기)

물성 조절시간 

재료는 이렇게 준비하세요!

주원료 명태 400 g, 감자 2 개 460 g
밑 간 소금 1 t (2 g), 후추 1 t (2 g)
반 죽 전분 4 T (20 g)

T : table spoon (테이블 스푼, 큰 술, 5 g)
t : tea spoon (티스푼, 작은 술, 2 g)
C : cup (컵, 200 mL)

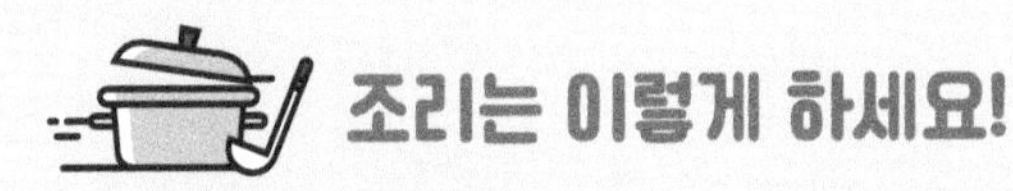

조리는 이렇게 하세요!

1단계
명태 준비

· 원료가 선어인 경우 그대로 사용하되, 냉동 명태인 경우 유수해동을 한다.

2단계
명태 순살 제조

· 명태는 머리 및 내장을 제거하고 포(fillet)를 뜬다.
· 포 뜬 명태 순살을 세척하고 가볍게 물기를 제거한다.

3단계*
에어프라이 및 마쇄

· 소금과 후추로 간을 한 명태를 에어프라이에 넣고, 5분간 돌려준 후 마쇄한다.

4단계
감자 준비

· 감자 껍질을 제거하고 작게 (0.5 × 0.5 cm) 썰어준 후 소금, 후추를 뿌려 전자레인지에 약 5분간 돌려 삶아준다.

5단계
반죽 및 성형

· 삶은 명태 육과 감자에 전분을 넣고 혼합하여 반죽을 만든다.
· 반죽을 타원형으로 성형한다.

6단계
튀김

· 성형물을 160~180℃에서 튀겨 키친타올로 기름을 제거한다.

조리 TIP

· 명태 해쉬브라운 섭취 시 케첩, 머스타드 등 선호하는 소스를 곁들여 먹으면 좋습니다.
· 튀김 과정에서 키친 타올을 이용해 과한 기름을 제거하면 좋습니다.

7단계
포장, 금속 검출

· 명태 해쉬브라운을 포장한다.
· 이물 제어를 위하여 금속검출기를 통과한다.

8단계
제품 유통

· 명태 해쉬브라운을 냉동하여 유통한다.

*물성단계 조절 공정 : 에어프라이 및 마쇄(조리단계 3)

명태 크림그라탕

명태 크림그라탕은 감자와 크림 소스를 곁들여 부드럽고 고소하며, 치즈를 뿌려 오븐에 구워낸 양식류로 남녀노소 모두에게 간식, 식사 대용으로 먹기에 좋습니다.

물성단계 

소요시간* 

*소요시간은 원료부터 포장까지 제품의 완성시간을 의미

해동방법 유수해동(흐르는 물에서 해동)

조리형태 양식류 / 그라탕류

맛의특징 부드럽고 고소한 맛

물성 조절기술 레토르트**
절단(자르기)

물성 조절시간 

** 레토르트(Retort) : 가압포화수증기로 식품의 온도를 100℃ 이상으로 가열하는 장치 (주로 통조림 등의 식품을 가열 및 살균할 때 사용)

재료는 이렇게 준비하세요!

주원료 명태 280 g, 감자 80 g

밑 간 후추 1 t (2 g), 소금 1 t (2 g)

크림 소스 버터 18 g, 밀가루 2 t (4 g),
우유 120 g, 생크림 120 g,
양파 35 g, 당근 20 g, 설탕 1 t (2 g)
맛소금 1 t (2 g), 후추 1 t (2 g),

치 즈 파마산 치즈 100 g

T : table spoon (테이블 스푼, 큰 술, 5 g)
t : tea spoon (티스푼, 작은 술, 2 g) **C** : cup (컵, 200 mL)

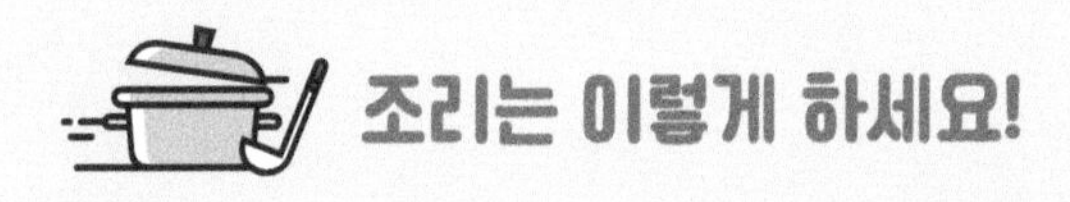

조리는 이렇게 하세요!

1단계
명태 준비

· 원료가 선어인 경우 그대로 사용하되, 냉동 명태인 경우 유수해동을 한다.

2단계
명태 순살 제조

· 명태는 머리 및 내장을 제거하고 포(fillet)를 뜬다.
· 포 뜬 명태 순살을 세척하고 가볍게 물기를 제거한다.

3단계*
레토르트 및 절단

· 명태에 소금과 후추로 간을 한 후 레토르트 파우치에 넣어 3시간 동안 레토르트 고온고압 처리한 후 일정 크기로 자른다.

4단계
감자 밑간 및 야채 손질

· 감자를 썰어 용기에 담고 소금, 후추를 뿌려 밑간을 한 후 전자레인지에서 약 5분간 돌려 삶아준다.
· 양파와 당근은 잘게 다져준다.

5단계
크림 소스 제조

· 버터를 녹인 후 밀가루와 섞고 우유, 생크림을 2~3회 나눠 넣어준다.
· 다진 양파, 다진 당근을 넣고 후추, 맛소금, 설탕을 넣은 후 졸여준다.

6단계
명태 크림그라탕 완성

· 그릇에 명태 육과 삶은 감자를 담고, 크림소스를 부은 다음 치즈를 뿌려 오븐(180℃)에서 5분간 구워준다.

조리 TIP
· 명태 크림 그라탕 제조 시 선호하는 야채를 추가하면 또 다른 맛을 즐길 수 있습니다.

7단계
포장, 금속 검출

· 명태 크림그라탕을 포장한다.
· 이물 제어를 위하여 금속검출기를 통과한다.

8단계
제품 유통

· 명태 크림그라탕을 냉동하여 유통한다.

*물성단계 조절 공정 : 레토르트 처리 및 절단(조리단계 3)

명태 야채미음

쌀가루와 야채, 명태 살을 넣어 끓인
명태 야채미음은 담백하고 고소한 맛을 내는 죽류로,
부담없이 식사 또는 부식으로 섭취하기 좋습니다.

물성단계 

소요시간* 

*소요시간은 원료부터 포장까지 제품의 완성시간을 의미

해동방법 유수해동(흐르는 물에서 해동)

조리형태 한식류 / 죽류

맛의특징 담백하고 고소한 맛

물성 조절기술 증자(스팀으로 찌기)
마쇄(갈아서 매우 곱게 으깨기)
열탕(100℃에 가깝게 끓이기)

물성 조절시간 

재료는 이렇게 준비하세요!

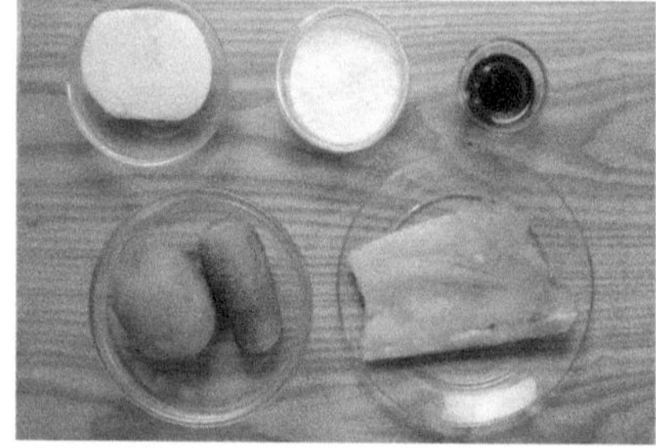

주원료 명태 300 g, 쌀가루 40 g
밑 간 후추 1/2 t (1 g), 소금 1 t (2 g)
부원료 물 3.5 C (700 mL), 감자 100 g, 양파 50 g, 당근 20 g
맛 부여 참깨, 참기름

T : table spoon (테이블 스푼, 큰 술, 5 g)
t : tea spoon (티스푼, 작은 술, 2 g)
C : cup (컵, 200 mL)

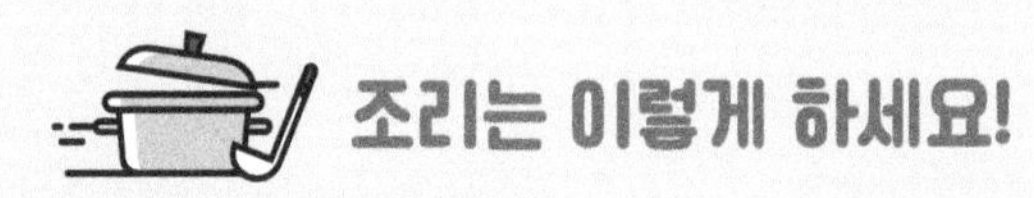

조리는 이렇게 하세요!

1단계
명태 준비

· 원료가 선어인 경우 그대로 사용하되, 냉동 명태인 경우 유수해동을 한다.

2단계
명태 순살 제조

· 명태는 머리 및 내장을 제거하고 포(fillet)를 뜬다.
· 포 뜬 명태 순살을 세척하고 가볍게 물기를 제거한다.

3단계*
증자 및 마쇄

· 명태에 소금, 후추로 간을 한 후 5분간 증자하고 마쇄한다.

4단계
야채 손질

· 감자, 양파, 당근은 잘게 다진 후 기름을 두른 프라이팬에서 야채를 볶아 익혀준다.

5단계*
명태 야채미음 제조(열탕)

· 냄비에 물과 쌀가루를 넣고 마쇄한 명태 육, 야채를 넣어 5분간 끓이며 미음의 농도를 맞춰준다.
· 참기름, 참깨를 뿌려준다.

조리 TIP

· 명태 야채미음을 제조 할 때 물의 양을 조절하면 미음의 점도를 조절할 수 있습니다.
· 야채를 볶을 때 참기름을 사용하면 더욱 고소한 맛을 낼 수 있습니다.

6단계
포장, 금속 검출

· 명태 야채미음을 포장한다.
· 이물 제어를 위하여 금속검출기를 통과한다.

7단계
제품 유통

· 명태 야채미음을 냉장 또는 냉동하여 유통한다.

*물성단계 조절 공정 : 증자 및 마쇄(조리단계 3) / 열탕(조리단계 5)

참조기 과열증기구이

참조기 과열증기구이는 부드러운 참조기와 소스를 곁들여 먹는 생선 요리로, 고령층이 즐겨 먹을 수 있는 한식류로, 밥과 함께 먹으면 좋습니다.

물성단계 

소요시간* 

*소요시간은 원료부터 포장까지 제품의 완성시간을 의미

해동방법 유수해동(흐르는 물에서 해동)

조리형태 한식류 / 구이류

맛의특징 부드럽고 담백한 맛

물성 조절기술 과열증기**

물성 조절시간 

**과열증기 : 대기압 하에서 수증기를 더욱 가열하여 포화온도(100℃)이상의 상태로 만든 고온의 수증기(포화온도 이상으로 가열된 증기)

재료는 이렇게 준비하세요!

주원료 참조기 200 g

비린내 저감 구연산, 식초, 레몬즙

밑 간 후추 1 t (2 g), 소금 1 t (2 g)

T : table spoon (테이블 스푼, 큰 술, 5 g)
t : tea spoon (티스푼, 작은 술, 2 g)
C : cup (컵, 200 mL)

조리는 이렇게 하세요!

1단계
참조기 준비

· 원료가 선어인 경우 그대로 사용하되, 냉동 참조기인 경우 유수해동을 한다.

2단계
참조기 순살 제조

· 참조기는 머리 및 내장을 제거하고 포(fillet)를 뜬다.
· 포 뜬 참조기 순살을 세척하고 가볍게 물기를 제거한다.

3단계
비린내 저감 및 밑간

· 참조기 순살의 비린내 저감을 위해 구연산, 식초 또는 레몬즙 등을 첨가한 물에 약 10분간 침지한다.
· 침지 후 참조기 순살을 가볍게 세척하고, 탈수한다.
· 밑간을 위해 참조기 순살을 10% 소금물에 20분간 담가 염지한다.
· 염지한 참조기 순살을 흐르는 물에서 가볍게 세척하고 물기를 제거한 다음 소량의 후추를 뿌린다.

4단계*
참조기 구이의 제조
(과열증기구이)

· 과열증기구이기에 종이 호일을 깔고, 껍질이 위로 가게 하여 참조기를 올려둔다.
· 과열증기구이기로 5분간 구워준다.

· 생선을 구울 때 껍질을 위로 하면 팬에 붙지 않습니다.
· 가정에서 드실 때 새콤한 유자 폰즈 소스를 만들어 먹어도 맛이 좋습니다.

5단계
포장, 금속 검출

· 참조기 과열증기구이를 포장한다.
· 이물 제어를 위하여 금속검출기를 통과한다.

6단계
제품 유통

· 참조기 과열증기구이를 냉장 또는 냉동하여 유통한다.

*물성단계 조절 공정 : 과열증기구이(조리단계 4)

참조기 고구마 샐러드

참조기 고구마 샐러드는
참조기와 달콤한 고구마,
생크림을 사용해 부드럽게 만든
양식류로, 간식이나 후식으로 먹으면 좋습니다.

물성단계 

소요시간* 

*소요시간은 원료부터 포장까지 제품의 완성시간을 의미

해동방법 유수해동(흐르는 물에서 해동)

조리형태 양식류 / 샐러드류

맛의특징 부드럽고 달콤한 맛

물성 조절기술 삶기
마쇄(갈아서 매우 곱게 으깨기)

물성 조절시간 

재료는 이렇게 준비하세요!

주원료 참조기 60 g

비린내 저감 구연산, 생강

샐러드 제조
고구마 150 g, 생크림 70 g, 당근 10 g,
소금 1/2 t (1 g), 설탕 1 t (2 g),
후추 1/2 t (1 g)

T : table spoon (테이블 스푼, 큰 술, 5 g)
t : tea spoon (티스푼, 작은 술, 2 g)
C : cup (컵, 200 mL)

조리는 이렇게 하세요!

1단계
참조기 준비

· 원료가 선어인 경우 그대로 사용하되, 냉동 참조기인 경우 유수해동을 한다.

2단계
참조기 순살 제조

· 참조기는 머리 및 내장을 제거하고 포(fillet)를 뜬다.
· 포 뜬 참조기 순살을 세척하고 가볍게 물기를 제거한다.

3단계
비린내 저감 및 밑간

· 참조기 순살의 비린내 저감을 위해 구연산, 식초 또는 레몬즙 등을 첨가한 물에 10분간 침지한다.
· 침지 후 참조기 순살을 가볍게 세척하고, 탈수한다.

4단계*
삶기 및 마쇄

· 얇게 저민 생강과 참조기 순살을 끓는 물에 넣어 5분간 삶고, 참조기 순살만 건져내어 마쇄한다.

5단계
고구마 및 야채 삶기

· 고구마를 삶고 껍질을 제거한 후 마쇄한다.
· 당근은 잘게 다진 후 끓는 물에 10분간 삶는다.

6단계
고구마 샐러드 제조

· 마쇄한 참조기 육과 고구마, 생크림, 당근, 설탕, 소금을 넣고 섞어준다.
· 아이스크림 스쿱을 이용해 모양을 만들어 용기에 담는다.

> **조리 TIP**
> · 참조기 고구마 샐러드 제조 시 생크림 양을 조절하면 원하는 농도로 조절할 수 있습니다.
> · 기호에 따라 선호하는 견과류를 추가하면 더 고소하게 드실 수 있습니다.

7단계
포장, 금속 검출

· 참조기 고구마 샐러드를 포장한다.
· 이물 제어를 위하여 금속검출기를 통과한다.

8단계
제품 유통

· 참조기 고구마 샐러드를 냉장 유통한다.

*물성단계 조절 공정 : 삶기 및 마쇄(조리단계 4)

참조기 토마토무스

참조기 토마토무스는 참조기와 토마토 소스를 섞어 부드럽게 만든 양식류로, 간식과 동시에 부식으로도 좋습니다.

물성단계 

소요시간* 

*소요시간은 원료부터 포장까지 제품의 완성시간을 의미

해동방법 유수해동(흐르는 물에서 해동)

조리형태 양식류 / 무스류

맛의특징 부드럽고 새콤한 맛

물성 조절기술 삶기
마쇄(갈아서 매우 곱게 으깨기)
열탕(100℃에 가깝게 끓이기)

물성 조절시간 

재료는 이렇게 준비하세요!

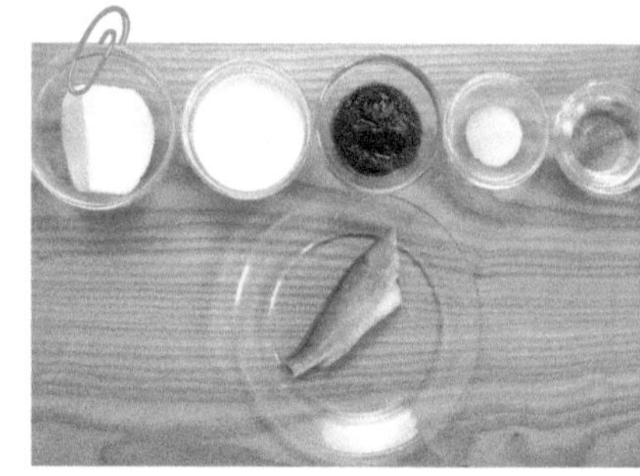

주원료 참조기 (200 g)

비린내 저감 구연산, 식초, 레몬즙

무스 제조

토마토 페이스트 3 T (15 g), 양파 30 g, 흰자 2 T (10 g), 생크림 3/4 C (150 mL), 소금 1/2 t (1 g)

T : table spoon (테이블 스푼, 큰 술, 5 g)
t : tea spoon (티스푼, 작은 술, 2 g)
C : cup (컵, 200 mL)

조리는 이렇게 하세요!

1단계
참조기 준비

· 원료가 선어인 경우 그대로 사용하되, 냉동 참조기인 경우 유수해동을 한다.

2단계
참조기 순살 제조

· 참조기는 머리 및 내장을 제거하고 포(fillet)를 뜬다.
· 포 뜬 참조기 순살을 세척하고 가볍게 물기를 제거한다.

3단계
비린내 저감

· 참조기 순살의 비린내 저감을 위해 구연산, 식초 또는 레몬즙 등을 첨가한 물에 약 10분간 침지한다.
· 침지 후 참조기 순살을 가볍게 세척하고, 탈수한다.

4단계*
삶기 및 마쇄

· 참조기 순살을 끓는 물에 10분간 삶은 후 마쇄한다.

5단계*
참조기 토마토무스 제조(열탕)

· 마쇄한 참조기 육과 양파, 토마토 페이스트, 달걀 흰자, 생크림을 믹서에 넣고 갈아 무스 반죽을 만든다.
· 위의 무스 반죽을 냄비에 담아 5분간 끓여준다.

6단계
굽기

· 무스틀에 반죽을 담고 오븐(180℃)에서 중탕으로 30분간 구워준다.

조리 TIP

· 참조기 토마토 무스 제조 시 기호에 따라 토마토 페이스트 양을 조절하여 맛을 조절하면 좋습니다.
· 기호에 따라 선호하는 야채와 과일을 곁들여 드시면 좋습니다.

7단계
포장, 금속 검출

· 참조기 토마토무스를 포장한다.
· 이물 제어를 위하여 금속검출기를 통과한다.

8단계
제품 유통

· 참조기 토마토무스를 냉장 또는 냉동하여 유통한다.

*물성단계 조절 공정 : 삶기 및 마쇄(조리단계 4) / 열탕(조리단계 5)

넙치 데리야끼구이

넙치 데리야끼구이는
넙치에 데리야끼 소스를 발라 오븐에 구운 일식류로, 촉촉하고 달콤하여
남녀노소 모두가 즐겨 먹을 수 있어 밥에 곁들여 먹기 좋습니다.

물성단계 

소요시간* 

*소요시간은 원료부터 포장까지 제품의 완성시간을 의미

해동방법 유수해동(흐르는 물에서 해동)

조리형태 일식류 / 구이류

맛의특징 짭쪼름하고 달콤한 맛

소　　스 데리야끼 소스

물성 조절기술 굽기(오븐)

물성 조절시간 

재료는 이렇게 준비하세요!

주원료　넙치 250 g

비린내 저감　구연산, 식초, 레몬즙

소　스

물 4 C (800 mL), 간장 1/3 C (70 mL), 설탕 4 T (20 g), 올리고당 2 T (10 g), 대파 1대, 양파 1/4개, 고추씨 1 t (2 g), 전분 2 T (10 g)

T : table spoon (테이블 스푼, 큰 술, 5 g)
t : tea spoon (티스푼, 작은 술, 2 g)
C : cup (컵, 200 mL)

조리는 이렇게 하세요!

1단계
넙치 준비

· 원료가 선어인 경우 그대로 사용하되, 냉동 넙치인 경우 유수해동을 한다.

2단계
넙치 순살 제조

· 넙치는 머리 및 내장을 제거하고 포(fillet)를 뜬다.
· 포 뜬 넙치 순살을 세척하고 가볍게 물기를 제거한다.

3단계
비린내 저감

· 넙치 순살의 비린내 저감을 위해 구연산, 식초 또는 레몬즙 등을 첨가한 물에 약 10분간 침지한다.
· 침지 후 넙치 순살을 가볍게 세척하고, 탈수한다.

4단계
데리야끼 소스의 제조

· 냄비에 물, 간장, 설탕, 올리고당, 대파, 양파, 고추씨, 전분을 넣고 끓여준다.
· 점성이 생길 때까지 끓인 후 체를 사용해 걸러준다.

5단계*
넙치 데리야끼구이의 제조(오븐구이)

· 팬에 올리브유를 살짝 두른 후 넙치를 올리고 소스를 발라준다.
· 오븐 (180℃)에 넣고 5분간 구워준다.

> **조리 TIP** · 데리야끼 소스 제조 시 기호에 맞게 향신료를 추가하여 드시면 좋습니다.

6단계
포장, 금속 검출

· 넙치 데리야끼구이를 포장한다.
· 이물 제어를 위하여 금속검출기를 통과한다.

7단계
제품 유통

· 넙치 데리야끼구이를 냉장 또는 냉동하여 유통한다.

*물성단계 조절 공정 : 오븐구이(조리단계 5)

넙치 야채죽

넙치 야채죽은 담백한 넙치 살과 해물 육수로 끓인 한식류로, 부드러운 식감과 고소한 맛으로 부담없이 먹을 수 있어 주식이나 부식으로 좋습니다.

물성단계 

소요시간* 

*소요시간은 원료부터 포장까지 제품의 완성시간을 의미

해동방법 유수해동(흐르는 물에서 해동)

조리형태 한식류 / 죽류

맛의특징 부드럽고 고소한 맛

물성 조절기술 삶기
마쇄(갈아서 매우 곱게 으깨기)
열탕(100℃에 가깝게 끓이기)

물성 조절시간 

재료는 이렇게 준비하세요!

주원료 넙치 200 g, 찹쌀 100 g

육수 제조 물 4 C (800 mL), 멸치 다시팩 1개, 무 1 개, 맛소금 1.5 t (3 g), 가쓰오부시 3 t (6 g)

부재료 다진 당근 35 g, 표고버섯 15 g, 양파 35 g, 대파 35 g, 마늘 2개, 참기름 2 T (10 g)

간 부여 간장, 소금, 깨

T : table spoon (테이블 스푼, 큰 술, 5 g)
t : tea spoon (티스푼, 작은 술, 2 g) C : cup (컵, 200 mL)

조리는 이렇게 하세요!

1단계
넙치 준비

· 원료가 선어인 경우 그대로 사용하되, 냉동 넙치인 경우 유수해동을 한다.

2단계
넙치 순살 제조

· 넙치는 머리 및 내장을 제거하고 포(fillet)를 뜬다.
· 포 뜬 넙치 순살을 세척하고 가볍게 물기를 제거한다.

3단계
찹쌀 준비

· 찹쌀은 물에 약 20분간 불려준다.

4단계
육수제조

· 물, 멸치 다시팩, 무, 맛소금, 가쓰오부시를 넣고 10분간 끓여준다.

5단계*
삶기 및 마쇄

· 육수에 넙치 순살을 넣어 5분간 삶아준 후 체로 거른다.
· 삶은 넙치 순살을 마쇄한다.

6단계*
넙치 야채죽의 제조(열탕)

· 후라이팬에 참기름을 두르고 다진 당근, 양파, 찹쌀을 넣고 볶아준다.
· 육수와 마쇄한 넙치 육, 표고버섯, 대파, 다진 마늘을 넣고 20분간 끓여준다.
· 간장, 소금, 깨를 첨가한다.

조리 TIP
· 참기름에 야채, 찹쌀을 볶을 때 약한 불에서 조리하면 향과 조직감이 좋습니다.

7단계
포장, 금속 검출

· 넙치 야채죽을 포장한다.
· 이물 제어를 위하여 금속검출기를 통과한다.

8단계
제품 유통

· 넙치 야채죽을 냉장 또는 냉동하여 유통한다.

*물성단계 조절 공정 : 삶기 및 마쇄(조리단계 5) / 열탕(조리단계 6)

넙치 달걀찜

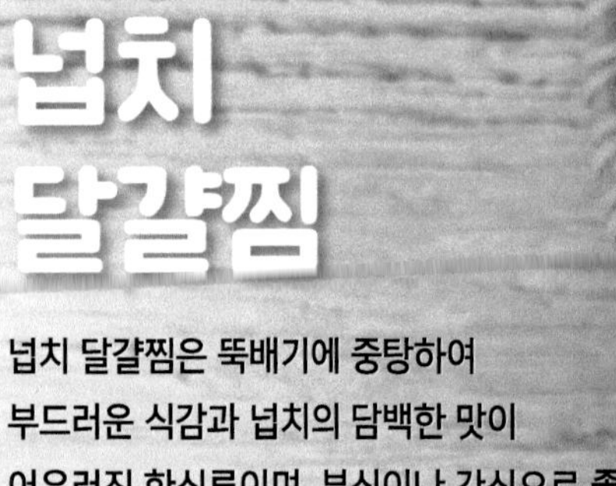

넙치 달걀찜은 뚝배기에 중탕하여
부드러운 식감과 넙치의 담백한 맛이
어우러진 한식류이며, 부식이나 간식으로 좋습니다.

물성단계 

소요시간*

*소요시간은 원료부터 포장까지 제품의 완성시간을 의미

해동방법 유수해동(흐르는 물에서 해동)

조리형태 한식류 / 찜류

맛의특징 부드럽고 고소한 맛

물성 조절기술
증자(스팀으로 찌기)
마쇄(갈아서 매우 곱게 으깨기)
열탕(100℃에 가깝게 끓이기)

물성 조절시간 

재료는 이렇게 준비하세요!

주원료 넙치 200 g, 찹쌀 100 g
육수 제조 물 4 C (800 mL), 멸치 다시팩 1개,
무 1 개, 맛소금 1.5 t (3 g),
가쓰오부시 3 t (6 g)
부재료 다진 당근 35 g, 표고버섯 15 g, 양파 35 g,
대파 35 g, 마늘 2개, 참기름 2 T (10 g)
간 부여 간장, 소금, 깨

T : table spoon (테이블 스푼, 큰 술, 5 g)
t : tea spoon (티스푼, 작은 술, 2 g) C : cup (컵, 200 mL)

조리는 이렇게 하세요!

1단계
넙치 준비

· 원료가 선어인 경우 그대로 사용하되, 냉동 넙치인 경우 유수해동을 한다.

2단계
넙치 순살 제조

· 넙치는 머리 및 내장을 제거하고 포(fillet)를 뜬다.
· 포 뜬 넙치 순살을 세척하고 가볍게 물기를 제거한다.

3단계*
비린내 저감 및 증자, 마쇄

· 넙치 순살과 월계수 잎, 생강편을 넣어 5분간 증자한 후 월계수 잎과 생강편을 제거한다.
· 증자한 넙치 순살을 마쇄한다.

4단계
육수 제조

· 냄비에 물, 멸치 다시팩, 가쓰오부시 농축액을 넣고 10분간 끓인다.

5단계*
넙치 달걀찜 제조(열탕)

· 달걀을 체에 걸러 알끈을 제거한다.
· 육수에 마쇄한 넙치 육과 달걀, 새우젓, 후추를 넣고 중탕으로 15분간 익혀준다.

> **조리 TIP**
> · 넙치 달걀찜 제조 시 당근, 양파 등의 야채를 잘게 다져 넣어주면 식감이 좋습니다.

6단계
포장, 금속 검출

· 넙치 달걀찜을 포장한다.
· 이물 제어를 위하여 금속검출기를 통과한다.

7단계
제품 유통

· 넙치 달걀찜을 냉장하여 유통한다.

*물성단계 조절 공정 : 증자 및 마쇄(조리단계 3) / 열탕(조리단계 5)

눈다랑어 함박스테이크

눈다랑어 함박스테이크는 축육과 야채를 섞어 둥글고 납작한 형태로 만든 양식류로, 데미그라 소스와 달걀 후라이를 곁들여 먹으면 한끼 식사로 든든하게 드실 수 있습니다.

물성단계 

소요시간* 

*소요시간은 원료부터 포장까지 제품의 완성시간을 의미

해동방법 유수해동(흐르는 물에서 해동)

조리형태 양식류 / 함박스테이크류

맛의특징 부드럽고 촉촉하며 짭쪼름 한 맛

소스 데미그라 소스

물성 조절기술 굽기(오븐)
마쇄(갈아서 매우 곱게 부수기)

물성 조절시간 

재료는 이렇게 준비하세요!

주원료 눈다랑어 180 g

비린내 저감 구연산, 식초, 레몬즙

데미그라 소스 밀가루 2 T (10 g), 버터 2 T (10 g), 돈까스 소스 2 t (4 g), 후추 1/2 t (1 g)

부재료 돼지고기 다짐육 38 g, 양파 20 g, 흰자 10 g, 케첩 2 T (10 g), 간장 4 T (20 g), 설탕1/2t (1 g), 소금 1/2t (1 g), 후추약간

T : table spoon (테이블 스푼, 큰 술, 5 g)
t : tea spoon (티스푼, 작은 술, 2 g) C : cup (컵, 200 mL)

조리는 이렇게 하세요!

1단계
눈다랑어 준비

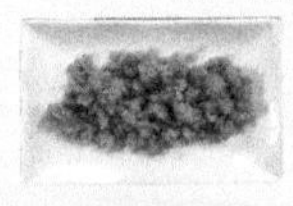

· 냉동 눈다랑어 마쇄물을 유수해동한다.

2단계
비린내 저감

· 눈다랑어 순살의 비린내 저감을 위해 구연산, 식초 또는 레몬즙 등을 첨가한 물에 약 10분간 침지한다.
· 침지 후 눈다랑어 순살을 가볍게 세척하고 물기를 제거한다.

3단계*
굽기(오븐) 및 마쇄

· 비린내를 저감한 눈다랑어 마쇄물을 오븐에 넣고 4분간 구운 후 마쇄한다.

4단계
데미그라 소스 제조

· 후라이팬에 버터를 녹여준 후 밀가루를 넣고 섞어준다.
· 돈까스 소스, 후추를 넣고 물을 넣으면서 농도를 조절한다.

5단계
반죽 및 구이

· 눈다랑어 마쇄물과 돼지고기 다짐육, 양파, 흰자, 케첩, 간장, 설탕, 소금, 후추를 넣고 섞어 반죽을 만든다.
· 적당량을 떼어 내 기름을 두른 팬에 구워준다.

6단계
눈다랑어 함박스테이크 완성

· 함박스테이크에 데미그라 소스를 부어 완성한다.

조리 TIP

· 함박스테이크 제조 시 반죽 되기 정도는 양파 양으로 조절하면 편리하고 물성이 좋아집니다.

7단계
포장, 금속 검출

· 눈다랑어 함박스테이크를 포장한다.
· 이물 제어를 위하여 금속검출기를 통과한다.

8단계
제품 유통

· 눈다랑어 함박스테이크를 냉장 또는 냉동하여 유통한다.

*물성단계 조절 공정 : 굽기(오븐) 및 마쇄(조리단계 3)

눈다랑어 달걀완탕

눈다랑어 달걀완탕은 야채와 함께 완자를 빚어 맑은 국물과 함께 곁들여 먹는 중식류로, 아침 식사나 부식 또는 간식으로 섭취하여도 좋습니다.

물성단계 

소요시간* 

*소요시간은 원료부터 포장까지 제품의 완성시간을 의미

해동방법 유수해동(흐르는 물에서 해동)

조리형태 중식류 / 완탕류

맛의특징 부드럽고 고소한 맛

물성 조절기술 레토르트** 마쇄(갈아서 매우 곱게 으깨기)

물성 조절시간 

** 레토르트(Retort) : 가압포화수증기로 식품의 온도를 100℃ 이상으로 가열하는 장치 (주로 통조림 등의 식품을 가열 및 살균할 때 사용)

재료는 이렇게 준비하세요!

주원료 눈다랑어 200 g

비린내 저감 월계수 잎, 생강

국 물 물 2 C, 가쓰오부시 1 T (5 g), 멸치 다시팩 1 개, 달걀 1 개, 양파 20 g, 다진 마늘 10 g, 대파 10 g, 멸치액젓 2 t (4 g)

부재료 다진 양파 25 g, 다진 당근 25 g, 소금 1/2 t (1 g), 후추 1/2 t (1 g)

조리는 이렇게 하세요!

1단계
눈다랑어 준비

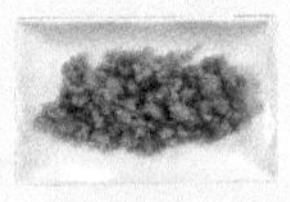

· 냉동 눈다랑어 마쇄물을 유수해동한다.

2단계*
비린내 저감 및 레토르트 처리, 마쇄

· 비린내 저감을 위해 레토르트 파우치에 눈다랑어와 생강편, 월계수 잎을 함께 넣고 1시간 동안 레토르트에서 고온고압 처리한 후 다시한 번 더 마쇄한다.

3단계
국물 제조

· 냄비에 물과 멸치 다시팩을 넣고 10분간 끓인 후 가쓰오부시를 넣고 5분 더 끓여준다.
· 여기에 양파, 다진 마늘, 대파, 멸치액젓, 소금을 넣고 다시 끓인 후 체에 걸러준다.
· 달걀을 풀어 넣어준다.

4단계
완자 제조

· 눈다랑어와 다진 양파, 다진 당근, 소금, 후추를 섞은 후 10 g씩 동그랗게 만들어준다.

5단계*
눈다랑어 달걀 완탕의 제조(열탕)

· 육수와 완자를 담아준다.
· 끓는 국물에 완자를 넣어 익혀준다.

> **조리 TIP** · 육수를 끓일 때 무, 마, 대파를 곁들이면 더욱 시원한 맛을 낼 수 있습니다.

6단계
포장, 금속 검출

· 눈다랑어 달걀완탕을 포장한다.
· 이물 제어를 위하여 금속검출기를 통과한다.

7단계
제품 유통

· 눈다랑어 달걀완탕을 냉장 또는 냉동하여 유통한다.

*물성단계 조절 공정 : 레토르트 처리 및 마쇄(조리단계 2) / 열탕(조리단계 5)

눈다랑어 토마토스튜

새콤한 토마토가 들어가 새콤하면서 눈다랑어의
짭조름한 맛이 어우러진 토마토스튜로,
아침 식사 또는 간식으로 드시면 좋습니다.

물성단계 

소요시간* 

*소요시간은 원료부터 포장까지 제품의 완성시간을 의미

해동방법 유수해동(흐르는 물에서 해동)

조리형태 양식류 / 스튜류

맛의특징 새콤하고 고소한 맛

물성 조절기술
삶기
마쇄(갈아서 매우 곱게 으깨기)
열탕(100℃에 가깝게 끓이기)

물성 조절시간 

재료는 이렇게 준비하세요!

주원료 눈다랑어 150 g
비린내 저감 월계수 잎, 생강
부재료 소고기 다짐육 50 g, 다진 마늘 7 g, 다진 양파 40 g, 감자 25 g, 송이 버섯 15 g, 올리브유 1T (5 g), 페퍼론치노 1 t (2 g),
토마토소스
토마토 3개, 후추 1 t (2 g), 맛소금 1 t (2 g), 토마토 페이스트 130 g, 설탕 1 T (5 g), 진간장 4t (8 g), 케첩 2 T (10 g), 우유 0.5 C (100 mL), 찹쌀가루 1 T (5 g), 물 1.2 C (240 mL)

조리는 이렇게 하세요!

1단계
눈다랑어 준비

· 냉동 눈다랑어 마쇄물을 유수해동한다.

2단계*
비린내 저감 및 삶기

· 비린내 저감을 위해 눈다랑어 마쇄물, 월계수 잎, 생강편을 끓는 물에서 5분간 삶는다.
· 눈다랑어 마쇄물을 체로 분리한다.
· 이어서 월계수 잎과 생강편을 제거한다.

3단계*
마쇄

· 삶은 눈다랑어 마쇄물을 다시 한번 더 마쇄한다.

4단계
부재료 손질 및 조리

· 토마토는 윗부분에 십자모양을 낸 후 끓는 물에 살짝 익혀준 다음 껍질을 벗겨준다.
· 후라이팬에 올리브유, 소고기 다짐육, 다진 양파, 다진 마늘, 페퍼론치노, 버섯을 넣고 볶아준다.
· 눈다랑어 마쇄물, 소금, 후추를 넣고 섞어준다.

5단계
토마토 소스 제조

· 위의 볶은 야채에 우유, 토마토, 토마토 페이스트, 설탕, 진간장, 케첩, 찹쌀가루를 넣고 섞어준다.
· 믹서기를 사용해 갈아준다.

6단계*
눈다랑어 토마토스튜 제조(열탕)

· 믹서로 간 눈다랑어 토마토스튜를 냄비에 담아 약한 불로 끓여준다.

조리 TIP · 토마토를 익힌 후 찬물에 식혀서 껍질을 벗기면 더 잘 벗겨져 좋습니다.

7단계
포장, 금속 검출

· 눈다랑어 달걀완탕을 포장한다.
· 이물 제어를 위하여 금속검출기를 통과한다.

8단계
제품 유통

· 눈다랑어 달걀완탕을 냉장 또는 냉동하고 유통한다.

*물성단계 조절 공정 : 삶기(조리단계 2) / 마쇄(조리단계 3) / 열탕(조리단계 6)

고령친화수산식품 품질특성

고령친화수산식품 레시피(24종) 제품의 100 g 당 품질특성을
식품위생법(MFDS, 2020)과 한국산업표준(KS H 4897 : 2020)에서
제시한 고령친화식품에 대한 기준규격과 비교하였다.

고등어 과열증기구이

고등어 과열증기구이 100 g 당 품질 특성

No	평가항목			고령친화식품의 규격 기준	고령친화식품의 규격 적용	결과	판정
1	성상(점)			3.5점 이상	대상	4.4±0.5	적합
2	물성 단계	경도[1] (x 1,000 N/m^2)	1단계	50만 이하 ~ 5만 초과	대상	240.3	적합
			2단계	5만 이하 ~ 2만 초과		–	–
			3단계	2만 이하		–	–
		점도(mPa·s)[2]	3단계	1,500 이상		–	–
3	영양[3] 성분	에너지(kcal)[4]		–	비대상	236.9	–
		일반 성분	수분(g)	–	비대상	62.7±1.9	–
			단백질(g)	6 이상	대상	18.9±0.1	적합
			지질(g)	–	비대상	16.7±2.9	–
			탄수화물(g)[5]	–	비대상	0	–
			회분(g)	–	비대상	1.7±0.4	–
		비타민	A (μg RAE)	75 이상	대상	24.02	부적합
			D (μg)	1.5 이상		0.97	부적합
			C (mg)	10 이상		121.24	적합
			B_2 (mg)	0.15 이상		0.29±0.01	적합
			B_3 (mg NE)	1.6 이상		82.97	적합
		무기질	칼슘 (mg)	80 이상	대상	44.5	부적합
			칼륨 (mg)	350 이상		289.0	부적합
		식이섬유 (g)		2.5 이상	대상	불검출	부적합
		염도 (g)		–	비대상	0.2	–
		총아미노산 (g)		–	비대상	18.04	–
		지방산 (mg)		–	비대상	15,099.8	–
4	위생지표 세균	대장균군(살균제품에 한함)		n=5, c=0, m=0	비대상	–	–
		대장균(비살균제품에 한함)		n=5, c=0, m=0	대상	불검출	적합
5	소화율	–		–	비대상	81.5%	

[1] 물 등과 혼합하거나 가열하는 등 단순조리과정을 거쳐 섭취하는 제품의 경우 측정용기(지름 40 mm, 높이 15 mm)에 옮겨 측정함

[2] 고기류, 젤리류, 찜류, 조림류로 점도 측정 불가

[3] 1개 이상 적합하여야 함

[4] 어패류 에너지(kcal/100 g)=(단백질×4.22)+(지질×9.41)+(탄수화물×4.11)

[5] 탄수화물 (%) = 100−(수분+단백질+지질+회분)

고등어 어탕 고등어 어탕 100 g 당 품질 특성

No	평가항목			고령친화식품의 규격		결과	판정
				기준	적용		
1	성상(점)			3.5점 이상	대상	4.8±0.4	적합
2	물성 단계	경도[1] (x 1,000 N/m^2)	1단계	50만 이하 ~ 5만 초과	대상	-	-
			2단계	5만 이하 ~ 2만 초과		21.7	적합
			3단계	2만 이하		-	-
		점도(mPa·s)[2]	3단계	1,500 이상		-	-
3	영양[3] 성분	에너지(kcal)[4]		-	비대상	91.0	-
		일반 성분	수분(g)	-	비대상	82.6±0.2	-
			단백질(g)	6 이상	대상	7.3±0.1	적합
			지질(g)	-	비대상	5.0±0.1	-
			탄수화물(g)[5]	-	비대상	3.2	-
			회분(g)	-	비대상	1.9±0.1	-
		비타민	A (μg RAE)	75 이상	대상	13.20	부적합
			D (μg)	1.5 이상		0.83	부적합
			C (mg)	10 이상		2.50	부적합
			B_2 (mg)	0.15 이상		0.09±0.00	부적합
			B_3 (mg NE)	1.6 이상		38.62	적합
		무기질	칼슘 (mg)	80 이상	대상	84.4	적합
			칼륨 (mg)	350 이상		153.7	부적합
		식이섬유 (g)		2.5 이상	대상	0.27	부적합
		염도 (g)		-	비대상	2.2±0.2	-
		총아미노산 (g)		-	비대상	6.97	-
		지방산 (mg)		-	비대상	4,346.2	-
4	위생지표 세균	대장균군(살균제품에 한함)		n=5, c=0, m=0	비대상	불검출	-
		대장균(비살균제품에 한함)		n=5, c=0, m=0	대상	불검출	적합
5	소화율	-		-	비대상	87.9±1.3	-

[1] 물 등과 혼합하거나 가열하는 등 단순조리과정을 거쳐 섭취하는 제품의 경우 측정용기(지름 40 mm, 높이 15 mm)에 옮겨 측정함

[2] 고기류, 젤리류, 찜류, 조림류로 점도 측정 불가

[3] 1개 이상 적합하여야 함

[4] 어패류 에너지(kcal/100 g)=(단백질×4.22)+(지질×9.41)+(탄수화물×4.11)

[5] 탄수화물(%) = 100-(수분+단백질+지질+회분)

고등어 고구마 샐러드 고등어 고구마 샐러드 100 g 당 품질 특성

No	평가항목			고령친화식품의 규격 기준	고령친화식품의 규격 적용	결과	판정
1	성상(점)			3.5점 이상	대상	4.1±0.8	적합
2	물성 단계	경도[1] (x 1,000 N/m^2)	1단계	50만 이하 ~ 5만 초과	대상	-	-
			2단계	5만 이하 ~ 2만 초과		-	-
			3단계	2만 이하		7.4	적합
		점도(mPa·s)	3단계	1,500 이상		25,450	-
3	영양[2] 성분	에너지(kcal)[3]		-	비대상	182.6	-
		일반 성분	수분(g)	-	비대상	65.5±0.7	-
			단백질(g)	6 이상	대상	6.8±0.1	적합
			지질(g)	-	비대상	9.1±2.5	-
			탄수화물(g)[4]	-	비대상	16.6	-
			회분(g)	-	비대상	2.0±0.0	-
		비타민	A (μg RAE)	75 이상	대상	11.30	부적합
			D (μg)	1.5 이상		9.31	적합
			C (mg)	10 이상		불검출	부적합
			B_2 (mg)	0.15 이상		0.17±0.01	적합
			B_3 (mg NE)	1.6 이상		44.64	적합
		무기질	칼슘 (mg)	80 이상	대상	43.3	부적합
			칼륨 (mg)	350 이상		294.2	부적합
		식이섬유 (g)		2.5 이상	대상	670	부적합
		염도 (g)		-	비대상	0.2	-
		총아미노산 (g)		-	비대상	6.40	-
		지방산 (mg)		-	비대상	7,866.1	-
4	위생지표 세균	대장균군(살균제품에 한함)		n=5, c=0, m=0	비대상	불검출	-
		대장균(비살균제품에 한함)		n=5, c=0, m=0	대상	불검출	적합
5	소화율	-		-	비대상	93.5±1.9	-

1) 물 등과 혼합하거나 가열하는 등 단순조리과정을 거쳐 섭취하는 제품의 경우 측정용기(지름 40 mm, 높이 15 mm)에 옮겨 측정함

2) 1개 이상 적합하여야 함

3) 어패류 에너지(kcal/100 g)=(단백질×4.22)+(지질×9.41)+(탄수화물×4.11)

4) 탄수화물(%) = 100-(수분+단백질+지질+회분)

삼치 간장조림 삼치 간장조림100 g 당 품질 특성

No	평가항목			고령친화식품의 규격		결과	판정
				기준	적용		
1	성상(점)			3.5점 이상	대상	4.2±0.8	적합
2	물성 단계	경도[1] (x 1,000 N/m^2)	1단계	50만 이하 ~ 5만 초과	대상	488.0	적합
			2단계	5만 이하 ~ 2만 초과		-	-
			3단계	2만 이하		-	-
		점도(mPa·s)[2]	3단계	1,500 이상		-	-
3	영양[3] 성분	에너지(kcal)[4]		-	비대상	129.7	-
		일반 성분	수분(g)	-	비대상	70.2±1.3	-
			단백질(g)	6 이상	대상	17.8±0.1	적합
			지질(g)	-	비대상	5.1±0.2	-
			탄수화물(g)[5]	-	비대상	5.2	-
			회분(g)	-	비대상	1.7±0.3	-
		비타민	A (μg RAE)	75 이상	대상	11.86	부적합
			D (μg)	1.5 이상		1.27	부적합
			C (mg)	10 이상		45.21	적합
			B_2 (mg)	0.15 이상		0.17±0.00	적합
			B_3 (mg NE)	1.6 이상		4.28	적합
		무기질	칼슘 (mg)	80 이상	대상	19.6	부적합
			칼륨 (mg)	350 이상		441.6	적합
		식이섬유 (g)		2.5 이상	대상	0.20	부적합
		염도 (g)		-	비대상	0.7	-
		총아미노산 (g)		-	비대상	16.08	-
		지방산 (mg)		-	비대상	4,439.0	-
4	위생지표 세균	대장균군(살균제품에 한함)		n=5, c=0, m=0	비대상	불검출	-
		대장균(비살균제품에 한함)		n=5, c=0, m=0	대상	불검출	적합
5	소화율	-		-	비대상	75.2±0.8	-

[1] 물 등과 혼합하거나 가열하는 등 단순조리과정을 거쳐 섭취하는 제품의 경우 측정용기(지름 40 mm, 높이 15 mm)에 옮겨 측정함

[2] 고기류, 젤리류, 찜류, 조림류로 점도 측정 불가

[3] 1개 이상 적합하여야 함

[4] 어패류(설탕첨가) 에너지(kcal/100 g)=(단백질×4.22)+(지질×9.41)+(탄수화물×3.87)

[5] 탄수화물(%) = 100-(수분+단백질+지질+회분)

삼치 로제그라탕 삼치 로제그라탕 100 g 당 품질 특성

No	평가항목			고령친화식품의 규격		결과	판정
				기준	적용		
1	성상(점)			3.5점 이상	대상	4.8±0.4	적합
2	물성 단계	경도[1] (x 1,000 N/m^2)	1단계	50만 이하 ~ 5만 초과	대상	-	-
			2단계	5만 이하 ~ 2만 초과		46.9	적합
			3단계	2만 이하		-	-
		점도(mPa·s)[2]	3단계	1,500 이상		-	-
3	영양[3] 성분	에너지(kcal)[4]		-	비대상	205.9	-
		일반 성분	수분(g)	-	비대상	64.4±1.2	-
			단백질(g)	6 이상	대상	9.1±0.1	적합
			지질(g)	-	비대상	12.7±0.3	-
			탄수화물(g)[5]	-	비대상	12.4	-
			회분(g)	-	비대상	1.4±0.1	-
		비타민	A (μg RAE)	75 이상	대상	23.32	부적합
			D (μg)	1.5 이상		0.49	부적합
			C (mg)	10 이상		12.79	적합
			B_2 (mg)	0.15 이상		0.13±0.01	부적합
			B_3 (mg NE)	1.6 이상		2.94	적합
		무기질	칼슘 (mg)	80 이상	대상	104.0	적합
			칼륨 (mg)	350 이상		271.1	부적합
		식이섬유 (g)		2.5 이상	대상	0.80	부적합
		염도 (g)		-	비대상	0.4	-
		총아미노산 (g)		-	비대상	8.57	-
		지방산 (mg)		-	비대상	11,237.1	-
4	위생지표 세균	대장균군(살균제품에 한함)		n=5, c=0, m=0	비대상	불검출	-
		대장균(비살균제품에 한함)		n=5, c=0, m=0	대상	불검출	적합
5	소화율	-		-	비대상	88.2±1.0	-

[1] 물 등과 혼합하거나 가열하는 등 단순조리과정을 거쳐 섭취하는 제품의 경우 측정용기(지름 40 mm, 높이 15 mm)에 옮겨 측정함

[2] 고기류, 젤리류, 찜류, 조림류로 점도 측정 불가

[3] 1개 이상 적합하여야 함

[4] 어패류(설탕첨가) 에너지(kcal/100 g)=(단백질×4.22)+(지질×9.41)+(탄수화물×3.87)

[5] 탄수화물(%) = 100-(수분+단백질+지질+회분)

삼치 화이트무스 삼치 화이트무스 100 g 당 품질 특성

No	평가항목			고령친화식품의 규격		결과	판정
				기준	적용		
1	성상(점)			3.5점 이상	대상	4.6±0.7	적합
2	물성 단계	경도[1] (x 1,000 N/m^2)	1단계	50만 이하 ~ 5만 초과	대상	-	-
			2단계	5만 이하 ~ 2만 초과		-	-
			3단계	2만 이하		16.0	적합
		점도(mPa·s)[2]	3단계	1,500 이상		-	-
3	영양[3] 성분	에너지(kcal)[4]		-	비대상	192.2	-
		일반 성분	수분(g)	-	비대상	67.0±0.1	-
			단백질(g)	6 이상	대상	18.5±0.1	적합
			지질(g)	-	비대상	11.1±0.6	-
			탄수화물(g)[5]	-	비대상	2.5	-
			회분(g)	-	비대상	0.9±0.2	-
		비타민	A (μg RAE)	75 이상	대상	13.35	부적합
			D (μg)	1.5 이상		0.17	부적합
			C (mg)	10 이상		35.54	적합
			B_2 (mg)	0.15 이상		0.23±0.01	적합
			B_3 (mg NE)	1.6 이상		3.65	적합
		무기질	칼슘 (mg)	80 이상	대상	48.1	부적합
			칼륨 (mg)	350 이상		250.1	부적합
		식이섬유 (g)		2.5 이상	대상	불검출	부적합
		염도 (g)		-	비대상	0.2	-
		총아미노산 (g)		-	비대상	17.86	-
		지방산 (mg)		-	비대상	9,613.5	-
4	위생지표 세균	대장균군(살균제품에 한함)		n=5, c=0, m=0	비대상	불검출	-
		대장균(비살균제품에 한함)		n=5, c=0, m=0	대상	불검출	적합
5	소화율	-		-	비대상	73.4±3.1	-

[1] 물 등과 혼합하거나 가열하는 등 단순조리과정을 거쳐 섭취하는 제품의 경우 측정용기(지름 40 mm, 높이 15 mm)에 옮겨 측정함

[2] 고기류, 젤리류, 무스류, 찜류, 조림류로 점도 측정 불가

[3] 1개 이상 적합하여야 함

[4] 어패류(설탕첨가) 에너지(kcal/100 g)=(단백질×4.22)+(지질×9.41)+(탄수화물×3.87)

[5] 탄수화물(%) = 100-(수분+단백질+지질+회분)

꽁치 카레감자전

꽁치 카레감자전 100 g 당 품질 특성

No	평가항목				고령친화식품의 규격		결과	판정
					기준	적용		
1	성상(점)				3.5점 이상	대상	4.4±0.5	적합
2	물성 단계	경도[1] (x 1,000 N/m^2)		1단계	50만 이하 ~ 5만 초과	대상	375.7	적합
				2단계	5만 이하 ~ 2만 초과		-	-
				3단계	2만 이하		-	-
		점도(mPa·s)[2]		3단계	1,500 이상		-	-
3	영양[3] 성분	에너지(kcal)[4]			-	비대상	231.7	-
		일반 성분	수분(g)		-	비대상	60.0±0.8	-
			단백질(g)		6 이상	대상	6.3±0.1	적합
			지질(g)		-	비대상	13.7±1.7	-
			탄수화물(g)[5]		-	비대상	18.9	-
			회분(g)		-	비대상	1.1	-
		비타민	A (μg RAE)		75 이상	대상	7.79	부적합
			D (μg)		1.5 이상		불검출	부적합
			C (mg)		10 이상		5.84	부적합
			B_2 (mg)		0.15 이상		0.17±0.01	적합
			B_3 (mg NE)		1.6 이상		3.86	적합
		무기질	칼슘 (mg)		80 이상	대상	21.4	부적합
			칼륨 (mg)		350 이상		282.3	부적합
		식이섬유 (g)			2.5 이상	대상	0.70	부적합
		염도 (g)			-	비대상	0.7	-
		총아미노산 (g)			-	비대상	6.16	-
		지방산 (mg)			-	비대상	12.55	-
4	위생지표 세균	대장균군(살균제품에 한함)			n=5, c=0, m=0	비대상	불검출	-
		대장균(비살균제품에 한함)			n=5, c=0, m=0	대상	불검출	적합
5	소화율	-			-	비대상	87.3±0.8	-

[1] 물 등과 혼합하거나 가열하는 등 단순조리과정을 거쳐 섭취하는 제품의 경우 측정용기(지름 40 mm, 높이 15 mm)에 옮겨 측정함

[2] 고기류, 젤리류, 찜류, 조림류로 점도 측정 불가

[3] 1개 이상 적합하여야 함

[4] 어패류(전분첨가) 에너지(kcal/100 g)=(단백질×4.22)+(지질×9.41)+(탄수화물×4.03)

[5] 탄수화물(%) = 100-(수분+단백질+지질+회분)

꽁치 카레완자

꽁치 카레완자 100 g 당 품질 특성

No	평가항목			고령친화식품의 규격 기준	고령친화식품의 규격 적용	결과	판정
1	성상(점)			3.5점 이상	대상	4.3±0.7	적합
2	물성 단계	경도[1] (x 1,000 N/m²)	1단계	50만 이하 ~ 5만 초과	대상	-	-
			2단계	5만 이하 ~ 2만 초과		43.9	적합
			3단계	2만 이하		-	-
		점도(mPa·s)[2]	3단계	1,500 이상		-	-
3	영양[3] 성분	에너지(kcal)[4]		-	비대상	204.7	-
		일반 성분	수분(g)	-	비대상	65.0±1.7	-
			단백질(g)	6 이상	대상	9.8±0.1	적합
			지질(g)	-	비대상	12.9±2.0	-
			탄수화물(g)[5]	-	비대상	10.4	-
			회분(g)	-	비대상	1.9	-
		비타민	A (μg RAE)	75 이상	대상	불검출	부적합
			D (μg)	1.5 이상		불검출	부적합
			C (mg)	10 이상		불검출	부적합
			B_2 (mg)	0.15 이상		0.20±0.00	적합
			B_3 (mg NE)	1.6 이상		0.14	부적합
		무기질	칼슘 (mg)	80 이상	대상	91.6	적합
			칼륨 (mg)	350 이상		183.9	부적합
		식이섬유 (g)		2.5 이상	대상	0.10	부적합
		염도 (g)		-	비대상	0.8	-
		총아미노산 (g)		-	비대상	9.62	-
		지방산 (mg)		-	비대상	11.37	-
4	위생지표 세균	대장균군(살균제품에 한함)		n=5, c=0, m=0	비대상	불검출	-
		대장균(비살균제품에 한함)		n=5, c=0, m=0	대상	불검출	적합
5	소화율	-		-	비대상	82.3±1.2	-

[1] 물 등과 혼합하거나 가열하는 등 단순조리과정을 거쳐 섭취하는 제품의 경우 측정용기(지름 40 mm, 높이 15 mm)에 옮겨 측정함

[2] 고기류, 젤리류, 찜류, 조림류로 점도 측정 불가

[3] 1개 이상 적합하여야 함

[4] 어패류(전분첨가) 에너지(kcal/100 g)=(단백질×4.22)+(지질×9.41)+(탄수화물×4.03)

[5] 탄수화물(%) = 100-(수분+단백질+지질+회분)

꽁치 달걀찜

꽁치 달걀찜 100 g 당 품질 특성

No	평가항목			고령친화식품의 규격		결과	판정
				기준	적용		
1	성상(점)			3.5점 이상	대상	4.8±0.4	적합
2	물성 단계	경도[1] (x 1,000 N/m^2)	1단계	50만 이하 ~ 5만 초과	대상	-	-
			2단계	5만 이하 ~ 2만 초과		-	-
			3단계	2만 이하		6.6	적합
		점도(mPa·s)[2]	3단계	1,500 이상		-	-
3	영양[3] 성분	에너지(kcal)[4]		-	비대상	169.0	-
		일반 성분	수분(g)	-	비대상	70.9±1.4	-
			단백질(g)	6 이상	대상	10.0±0.1	적합
			지질(g)	-	비대상	13.0±0.2	-
			탄수화물(g)[5]	-	비대상	4.9	-
			회분(g)	-	비대상	1.2±0.3	-
		비타민	A (μg RAE)	75 이상	대상	2.63	부적합
			D (μg)	1.5 이상		4.02	적합
			C (mg)	10 이상		11.76	적합
			B_2 (mg)	0.15 이상		0.28±0.02	적합
			B_3 (mg NE)	1.6 이상		2.17	적합
		무기질	칼슘 (mg)	80 이상	대상	72.7	부적합
			칼륨 (mg)	350 이상		82.6	부적합
		식이섬유 (g)		2.5 이상	대상	60	부적합
		염도 (g)		-	비대상	0.8	-
		총아미노산 (g)		-	비대상	9.49	-
		지방산 (mg)		-	비대상	11,983.2	-
4	위생지표 세균	대장균군(살균제품에 한함)		n=5, c=0, m=0	비대상	불검출	-
		대장균(비살균제품에 한함)		n=5, c=0, m=0	대상	불검출	적합
5	소화율	-		-	비대상	88.6±3.2	-

[1] 물 등과 혼합하거나 가열하는 등 단순조리과정을 거쳐 섭취하는 제품의 경우 측정용기(지름 40 mm, 높이 15 mm)에 옮겨 측정함

[2] 고기류, 젤리류, 찜류, 조림류로 점도 측정 불가

[3] 1개 이상 적합하여야 함

[4] 난류 에너지(kcal/100 g)=(단백질×4.32)+(지질×9.41)+(탄수화물×3.68)

[5] 탄수화물(%) = 100-(수분+단백질+지질+회분)

멸치 함박스테이크

멸치 함박스테이크 100 g 당 품질 특성

No	평가항목			고령친화식품의 규격 기준	적용	결과	판정
1	성상(점)			3.5점 이상	대상	4.8±0.4	적합
2	물성 단계	경도[1] (x 1,000 N/m^2)	1단계	50만 이하 ~ 5만 초과	대상	319.5	적합
			2단계	5만 이하 ~ 2만 초과		-	-
			3단계	2만 이하		-	-
		점도(mPa·s)[2]	3단계	1,500 이상		-	-
3	영양[3] 성분	에너지(kcal)[4]		-	비대상	212.7	-
		일반 성분	수분(g)	-	비대상	60.2±0.1	-
			단백질(g)	6 이상	대상	19.7±1.4	적합
			지질(g)	-	비대상	10.2±0.7	-
			탄수화물(g)[5]	-	비대상	8.2	-
			회분(g)	-	비대상	1.7±0.2	-
		비타민	A (μg RAE)	75 이상	대상	12.50	부적합
			D (μg)	1.5 이상		1.53	적합
			C (mg)	10 이상		16.96	적합
			B_2 (mg)	0.15 이상		0.40±0.02	적합
			B_3 (mg NE)	1.6 이상		6.68	적합
		무기질	칼슘 (mg)	80 이상	대상	93.6	적합
			칼륨 (mg)	350 이상		290.1	부적합
		식이섬유 (g)		2.5 이상	대상	0.11	부적합
		염도 (g)		-	비대상	0.6	-
		총아미노산 (g)		-	비대상	19.09	-
		지방산 (mg)		-	비대상	8,984.8	-
4	위생지표 세균	대장균군(살균제품에 한함)		n=5, c=0, m=0	비대상	불검출	-
		대장균(비살균제품에 한함)		n=5, c=0, m=0	대상	불검출	적합
5	소화율	-		-	비대상	75.8±1.2	-

[1] 물 등과 혼합하거나 가열하는 등 단순조리과정을 거쳐 섭취하는 제품의 경우 측정용기(지름 40 mm, 높이 15 mm)에 옮겨 측정함

[2] 고기류, 젤리류, 찜류, 조림류로 점도 측정 불가

[3] 1개 이상 적합하여야 함

[4] 어패류(전분첨가) 에너지(kcal/100 g)=(단백질×4.22)+(지질×9.41)+(탄수화물×4.03)

[5] 탄수화물 (%) = 100-(수분+단백질+지질+회분)

멸치 야채솥밥 멸치 야채솥밥 100 g 당 품질 특성

No	평가항목			고령친화식품의 규격 기준	적용	결과	판정
1	성상(점)			3.5점 이상	대상	4.4±0.5	적합
2	물성 단계	경도[1] (x 1,000 N/m²)	1단계	50만 이하 ~ 5만 초과	대상	-	-
			2단계	5만 이하 ~ 2만 초과		20.4	적합
			3단계	2만 이하		-	-
		점도(mPa·s)[2]	3단계	1,500 이상		-	-
3	영양[3] 성분	에너지(kcal)[4]		-	비대상	89.6	-
		일반 성분	수분(g)	-	비대상	79.2±0.5	-
			단백질(g)	6 이상	대상	6.2±0.1	적합
			지질(g)	-	비대상	2.1±0.1	-
			탄수화물(g)[5]	-	비대상	11.3	-
			회분(g)	-	비대상	1.2±0.0	-
		비타민	A (μg RAE)	75 이상	대상	83.97	적합
			D (μg)	1.5 이상		1.51	적합
			C (mg)	10 이상		2.82	부적합
			B_2 (mg)	0.15 이상		0.07±0.00	부적합
			B_3 (mg NE)	1.6 이상		0.34	부적합
		무기질	칼슘 (mg)	80 이상	대상	35.4	부적합
			칼륨 (mg)	350 이상		103.9	부적합
		식이섬유 (g)		2.5 이상	대상	0.02	부적합
		염도 (g)		-	비대상	0.1	-
		총아미노산 (g)		-	비대상	6.00	-
		지방산 (mg)		-	비대상	1,901.0	-
4	위생지표 세균	대장균군(살균제품에 한함)		n=5, c=0, m=0	비대상	불검출	-
		대장균(비살균제품에 한함)		n=5, c=0, m=0	대상	불검출	적합
5	소화율	-		-	비대상	95.0±0.3	-

[1] 물 등과 혼합하거나 가열하는 등 단순조리과정을 거쳐 섭취하는 제품의 경우 측정용기(지름 40 mm, 높이 15 mm)에 옮겨 측정함

[2] 고기류, 젤리류, 찜류, 조림류로 점도 측정 불가

[3] 1개 이상 적합하여야 함

[4] 곡류(백미) 에너지(kcal/100 g)=(단백질×3.96)+(지질×8.37)+(탄수화물×4.20)

[5] 탄수화물 (%) = 100-(수분+단백질+지질+회분)

멸치 화이트스튜 멸치 화이트스튜 100 g 당 품질 특성

No	평가항목			고령친화식품의 규격		결과	판정
				기준	적용		
1	성상(점)			3.5점 이상	대상	4.3±0.5	적합
2	물성 난세	경도[1] (x 1,000 N/m^2)	1단계	50만 이하 ~ 5만 초과	대상	-	-
			2단계	5만 이하 ~ 2만 초과		-	-
			3단계	2만 이하		2.1	적합
		점도(mPa·s)	3단계	1,500 이상		12,514	적합
3	영양[2] 성분	에너지(kcal)[3]		-	비대상	186.5	-
		일반 성분	수분(g)	-	비대상	67.2±0.3	-
			단백질(g)	6 이상	대상	7.5±0.1	적합
			지질(g)	-	비대상	11.1±0.4	-
			탄수화물(g)[4]	-	비대상	12.5	-
			회분(g)	-	비대상	1.7±0.4	-
		비타민	A (μg RAE)	75 이상	대상	15.96	부적합
			D (μg)	1.5 이상		0.35	부적합
			C (mg)	10 이상		4.13	부적합
			B_2 (mg)	0.15 이상		0.19±0.00	적합
			B_3 (mg NE)	1.6 이상		2.30	적합
		무기질	칼슘 (mg)	80 이상	대상	72.1	부적합
			칼륨 (mg)	350 이상		158.6	부적합
		식이섬유 (g)		2.5 이상	대상	0.04	부적합
		염도 (g)		-	비대상	1.4	-
		총아미노산 (g)		-	비대상	7.03	-
		지방산 (mg)		-	비대상	9,666.4	-
4	위생지표 세균	대장균군(살균제품에 한함)		n=5, c=0, m=0	비대상	불검출	-
		대장균(비살균제품에 한함)		n=5, c=0, m=0	대상	불검출	적합
5	소화율	-		-	비대상	88.1±0.8	-

[1] 물 등과 혼합하거나 가열하는 등 단순조리과정을 거쳐 섭취하는 제품의 경우 측정용기(지름 40 mm, 높이 15 mm)에 옮겨 측정함

[2] 1개 이상 적합하여야 함

[3] 어패류(전분첨가) 에너지(kcal/100 g)=(단백질×4.22)+(지질×9.41)+(탄수화물×4.03)

[4] 탄수화물(%) = 100-(수분+단백질+지질+회분)

명태 해쉬브라운 명태 해쉬브라운 100 g 당 품질 특성

No	평가항목				고령친화식품의 규격 기준	적용	결과	판정
1	성상(점)				3.5점 이상	대상	4.8±0.4	적합
2	물성 단계	경도[1] (x 1,000 N/m²)		1단계	50만 이하 ~ 5만 초과	대상	206.2	적합
				2단계	5만 이하 ~ 2만 초과		-	-
				3단계	2만 이하		-	-
		점도(mPa·s)[2]		3단계	1,500 이상		-	-
3	영양[3] 성분	에너지(kcal)[4]			-	비대상	166.9	-
		일반 성분	수분(g)		-	비대상	64.4±0.4	-
			단백질(g)		6 이상	대상	9.4±0.1	적합
			지질(g)		-	비대상	5.3±0.4	-
			탄수화물(g)[5]		-	비대상	19.2	-
			회분(g)		-	비대상	1.7±0.1	-
		비타민	A (μg RAE)		75 이상	대상	2.16	부적합
			D (μg)		1.5 이상		1.01	부적합
			C (mg)		10 이상		6.39	부적합
			B_2 (mg)		0.15 이상		1.00±0.01	적합
			B_3 (mg NE)		1.6 이상		9.81	적합
		무기질	칼슘 (mg)		80 이상	대상	18.4	부적합
			칼륨 (mg)		350 이상		319.2	부적합
		식이섬유 (g)			2.5 이상	대상	1.56	부적합
		염도 (g)			-	비대상	0.6	-
		총아미노산 (g)			-	비대상	9.06	-
		지방산 (mg)			-	비대상	4,941.6	-
4	위생지표 세균	대장균군(살균제품에 한함)			n=5, c=0, m=0	비대상	-	-
		대장균(비살균제품에 한함)			n=5, c=0, m=0	대상	불검출	적합
5	소화율	-			-	비대상	85.5±1.2	

[1] 물 등과 혼합하거나 가열하는 등 단순조리과정을 거쳐 섭취하는 제품의 경우 측정용기(지름 40 mm, 높이 15 mm)에 옮겨 측정함

[2] 고기류, 젤리류, 찜류, 조림류로 점도 측정 불가

[3] 1개 이상 적합하여야 함

[4] 어패류(전분첨가) 에너지(kcal/100 g)=(단백질×4.22)+(지질×9.41)+(탄수화물×4.03)

[5] 탄수화물(%) = 100-(수분+단백질+지질+회분)

명태 크림그라탕

명태 크림그라탕 100 g 당 품질 특성

No	평가항목			고령친화식품의 규격 기준	고령친화식품의 규격 적용	결과	판정
1	성상(점)			0mm	대상	4.6±0.5	적합
2	물성 단계	경도[1] (x 1,000 N/m^2)	1단계	50만 이하 ~ 5만 초과	대상	-	-
			2단계	5만 이하 ~ 2만 초과		43.7	적합
			3단계	2만 이하		-	-
		점도(mPa·s)[2]	3단계	1,500 이상		-	-
3	영양[3] 성분	에너지(kcal)[4]		-	비대상	161.8	-
		일반 성분	수분(g)	-	비대상	68.6±0.1	-
			단백질(g)	6 이상	대상	11.4±0.1	적합
			지질(g)	-	비대상	7.8±0.5	-
			탄수화물(g)[5]	-	비대상	10.4	-
			회분(g)	-	비대상	1.8±0.1	-
		비타민	A (μg RAE)	75 이상	대상	8.85	부적합
			D (μg)	1.5 이상		ND	부적합
			C (mg)	10 이상		ND	부적합
			B_2 (mg)	0.15 이상		0.17±0.00	적합
			B_3 (mg NE)	1.6 이상		6.16	적합
		무기질	칼슘 (mg)	80 이상	대상	146.6	적합
			칼륨 (mg)	350 이상		158.1	부적합
		식이섬유 (g)		2.5 이상	대상	0.18	부적합
		염도 (g)		-	비대상	0.7	-
		총아미노산 (g)		-	비대상	10.93	-
		지방산 (mg)		-	비대상	6,545.9	-
4	위생지표 세균	대장균군(살균제품에 한함)		n=5, c=0, m=0	비대상	-	-
		대장균(비살균제품에 한함)		n=5, c=0, m=0	대상	불검출	적합
5	소화율	-		-	비대상	95.8±0.9	

[1] 물 등과 혼합하거나 가열하는 등 단순조리과정을 거쳐 섭취하는 제품의 경우 측정용기(지름 40 mm, 높이 15 mm)에 옮겨 측정함

[2] 고기류, 젤리류, 찜류, 조림류로 점도 측정 불가

[3] 1개 이상 적합하여야 함

[4] 어패류(설탕첨가) 에너지(kcal/100 g)=(단백질×4.22)+(지질×9.41)+(탄수화물×3.87)

[5] 탄수화물 (%) = 100-(수분+단백질+지질+회분)

명태 야채미음

명태 야채미음 100 g 당 품질 특성

No	평가항목				고령친화식품의 규격		결과	판정
					기준	적용		
1	성상(점)				0mm	대상	4.7±0.5	적합
2	물성 단계	경도[1] (x 1,000 N/m²)		1단계	50만 이하 ~ 5만 초과	대상	-	-
				2단계	5만 이하 ~ 2만 초과		-	-
				3단계	2만 이하		14.5	적합
		점도(mPa·s)		3단계	1,500 이상		2,100	적합
3	영양[2] 성분	에너지(kcal)[3]			-	비대상	48.0	-
		일반 성분	수분(g)		-	비대상	88.0±0.3	-
			단백질(g)		6 이상	대상	6.6±0.1	적합
			지질(g)		-	비대상	0.5±0.0	-
			탄수화물(g)[4]		-	비대상	4.2	-
			회분(g)		-	비대상	0.7±0.1	-
		비타민	A (μg RAE)		75 이상	대상	ND	부적합
			D (μg)		1.5 이상		ND	부적합
			C (mg)		10 이상		ND	부적합
			B_2 (mg)		0.15 이상		3.35±0.00	적합
			B_3 (mg NE)		1.6 이상		2.75	적합
		무기질	칼슘 (mg)		80 이상	대상	12.5	부적합
			칼륨 (mg)		350 이상		66.9	부적합
		식이섬유 (g)			2.5 이상	대상	0.19	부적합
		염도 (g)			-	비대상	0.5	-
		총아미노산 (g)			-	비대상	5.88	-
		지방산 (mg)			-	비대상	-	-
4	위생지표 세균	대장균군(살균제품에 한함)			n=5, c=0, m=0	비대상	-	-
		대장균(비살균제품에 한함)			n=5, c=0, m=0	대상	불검출	적합
5	소화율	-			-	비대상	81.1±0.4	

1) 물 등과 혼합하거나 가열하는 등 단순조리과정을 거쳐 섭취하는 제품의 경우 측정용기(지름 40 mm, 높이 15 mm)에 옮겨 측정함

2) 1개 이상 적합하여야 함

3) 곡류(백미) 에너지(kcal/100 g)=(단백질×3.96)+(지질×8.37)+(탄수화물×4.20)

4) 탄수화물(%) = 100−(수분+단백질+지질+회분)

참조기 과열증기구이 참조기 과열증기구이 100 g 당 품질 특성

No	평가항목			고령친화식품의 규격		결과	판정
				기준	적용		
1	성상(점)			0mm	대상	4.8±0.4	적합
2	물성 단계	경도[1] (x 1,000 N/m^2)	1단계	50만 이하 ~ 5만 초과	대상	110.5	적합
			2단계	5만 이하 ~ 2만 초과		-	-
			3단계	2만 이하		-	-
		점도(mPa·s)[2]	3단계	1,500 이상		-	-
3	영양[3] 성분	에너지(kcal)[4]		-	비대상	162.6	-
		일반 성분	수분(g)	-	비대상	68.8±2.2	-
			단백질(g)	6 이상	대상	22.4±0.1	적합
			지질(g)	-	비대상	7.1±0.5	-
			탄수화물(g)[5]	-	비대상	0.3	-
			회분(g)	-	비대상	1.4±0.1	-
		비타민	A (μg RAE)	75 이상	대상	97.01	적합
			D (μg)	1.5 이상		10.26	적합
			C (mg)	10 이상		60.68	적합
			B_2 (mg)	0.15 이상		0.18±0.02	적합
			B_3 (mg NE)	1.6 이상		24.28	적합
		무기질	칼슘 (mg)	80 이상	대상	76.3	부적합
			칼륨 (mg)	350 이상		258.2	부적합
		식이섬유 (g)		2.5 이상	대상	ND	부적합
		염도 (g)		-	비대상	0.2	-
		총아미노산 (g)		-	비대상	21.19	-
		지방산 (mg)		-	비대상	6,457.5	-
4	위생지표 세균	대장균군(살균제품에 한함)		n=5, c=0, m=0	비대상	-	-
		대장균(비살균제품에 한함)		n=5, c=0, m=0	대상	불검출	적합
5	소화율	-		-	비대상	81.6±0.5	

[1] 물 등과 혼합하거나 가열하는 등 단순조리과정을 거쳐 섭취하는 제품의 경우 측정용기(지름 40 mm, 높이 15 mm)에 옮겨 측정함

[2] 고기류, 젤리류, 찜류, 조림류로 점도 측정 불가

[3] 1개 이상 적합하여야 함

[4] 어패류 에너지(kcal/100 g)=(단백질×4.22)+(지질×9.41)+(탄수화물×4.11)

[5] 탄수화물 (%) = 100-(수분+단백질+지질+회분)

참조기 고구마 샐러드

참조기 고구마 샐러드 100 g 당 품질 특성

No	평가항목			고령친화식품의 규격 기준	적용	결과	판정
1	성상(점)			3.5점 이상	대상	4.2±0.7	적합
2	물성 단계	경도[1] (x 1,000 N/m²)	1단계	50만 이하 ~ 5만 초과	대상	-	-
			2단계	5만 이하 ~ 2만 초과		22.4	적합
			3단계	2만 이하		-	-
		점도(mPa·s)[2]	3단계	1,500 이상		-	-
3	영양[3] 성분	에너지(kcal)[4]		-	비대상	183.5	-
		일반 성분	수분(g)	-	비대상	66.5±0.3	-
			단백질(g)	6 이상	대상	6.7±0.1	적합
			지질(g)	-	비대상	9.3±0.6	-
			탄수화물(g)[5]	-	비대상	16.8	-
			회분(g)	-	비대상	0.7±0.1	-
		비타민	A (μg RAE)	75 이상	대상	3.40	부적합
			D (μg)	1.5 이상		2.79	적합
			C (mg)	10 이상		ND	부적합
			B_2 (mg)	0.15 이상		0.10±0.01	부적합
			B_3 (mg NE)	1.6 이상		10.91	적합
		무기질	칼슘 (mg)	80 이상	대상	53.0	부적합
			칼륨 (mg)	350 이상		231.3	부적합
		식이섬유 (g)		2.5 이상	대상	0.70	부적합
		염도 (g)		-	비대상	0.3	-
		총아미노산 (g)		-	비대상	6.40	-
		지방산 (mg)		-	비대상	7,429.0	-
4	위생지표 세균	대장균군(살균제품에 한함)		n=5, c=0, m=0	비대상	-	-
		대장균(비살균제품에 한함)		n=5, c=0, m=0	대상	불검출	적합
5	소화율	-		-	비대상	89.5±2.7	

[1] 물 등과 혼합하거나 가열하는 등 단순조리과정을 거쳐 섭취하는 제품의 경우 측정용기(지름 40 mm, 높이 15 mm)에 옮겨 측정함

[2] 고기류, 젤리류, 찜류, 조림류로 점도 측정 불가

[3] 1개 이상 적합하여야 함

[4] 어패류(전분첨가) 에너지(kcal/100 g)=(단백질×4.22)+(지질×9.41)+(탄수화물×4.03)

[5] 탄수화물 (%) = 100-(수분+단백질+지질+회분)

참조기 토마토무스 참조기 토마토무스 100 g 당 품질 특성

No	평가항목				고령친화식품의 규격		결과	판정
					기준	적용		
1	성상(점)				3.5점 이상	대상	4.4±0.7	적합
2	물성 단계	경도[1] (x 1,000 N/m^2)		1단계	50만 이하 ~ 5만 초과	대상	-	-
				2단계	5만 이하 ~ 2만 초과		-	-
				3단계	2만 이하		14.5	적합
		점도(mPa·s)[2]		3단계	1,500 이상		-	-
3	영양[3] 성분	에너지(kcal)[4]			-	비대상	186.2	-
		일반 성분	수분(g)		-	비대상	69.8±0.9	-
			단백질(g)		6 이상	대상	10.2±0.1	적합
			지질(g)		-	비대상	12.3±1.8	-
			탄수화물(g)[5]		-	비대상	6.8	-
			회분(g)		-	비대상	0.9±0.0	-
		비타민	A (μg RAE)		75 이상	대상	17.00	부적합
			D (μg)		1.5 이상		ND	부적합
			C (mg)		10 이상		4.17	부적합
			B_2 (mg)		0.15 이상		0.33±0.01	적합
			B_3 (mg NE)		1.6 이상		13.77	적합
		무기질	칼슘 (mg)		80 이상	대상	48.5	부적합
			칼륨 (mg)		350 이상		145.2	부적합
		식이섬유 (g)			2.5 이상	대상	ND	부적합
		염도 (g)			-	비대상	0.5	-
		총아미노산 (g)			-	비대상	9.96	-
		지방산 (mg)			-	비대상	10,980.1	-
4	위생지표 세균	대장균군(살균제품에 한함)			n=5, c=0, m=0	비대상	-	-
		대장균(비살균제품에 한함)			n=5, c=0, m=0	대상	불검출	적합
5	소화율	-			-	비대상	86.9±1.1	-

1) 물 등과 혼합하거나 가열하는 등 단순조리과정을 거쳐 섭취하는 제품의 경우 측정용기(지름 40 mm, 높이 15 mm)에 옮겨 측정함

2) 고기류, 젤리류, 찜류, 조림류로 점도 측정 불가

3) 1개 이상 적합하여야 함

4) 어패류(전분첨가) 에너지(kcal/100 g)=(단백질×4.22)+(지질×9.41)+(탄수화물×4.03)

5) 탄수화물(%) = 100-(수분+단백질+지질+회분)

넙치 데리야끼 구이 넙치 데리야끼 구이 100 g 당 품질 특성

No	평가항목			고령친화식품의 규격 기준	적용	결과	판정
1	성상(점)			3.5점 이상	대상	4.8±0.4	적합
2	물성 단계	경도[1] (x 1,000 N/m²)	1단계	50만 이하 ~ 5만 초과	대상	262.4	적합
			2단계	5만 이하 ~ 2만 초과		-	-
			3단계	2만 이하		-	-
		점도(mPa·s)[2]	3단계	1,500 이상		-	-
3	영양[3] 성분	에너지(kcal)[4]		-	비대상	161.8	-
		일반 성분	수분(g)	-	비대상	65.3±1.1	-
			단백질(g)	6 이상	대상	19.0±0.1	적합
			지질(g)	-	비대상	5.1±0.9	-
			탄수화물(g)[5]	-	비대상	8.7	-
			회분(g)	-	비대상	1.9±0.0	-
		비타민	A (μg RAE)	75 이상	대상	37.74	부적합
			D (μg)	1.5 이상		0.87	부적합
			C (mg)	10 이상		108.78	적합
			B_2 (mg)	0.15 이상		0.10±0.01	부적합
			B_3 (mg NE)	1.6 이상		5.02	적합
		무기질	칼슘 (mg)	80 이상	대상	16.8	부적합
			칼륨 (mg)	350 이상		469.0	적합
		식이섬유 (g)		2.5 이상	대상	0.17	부적합
		염도 (g)		-	비대상	0.4	-
		총아미노산 (g)		-	비대상	18.59	-
		지방산 (mg)		-	비대상	2,124.5	-
4	위생지표 세균	대장균군(살균제품에 한함)		n=5, c=0, m=0	비대상	-	-
		대장균(비살균제품에 한함)		n=5, c=0, m=0	대상	불검출	적합
5	소화율	-		-	비대상	81.1±0.6	-

[1] 물 등과 혼합하거나 가열하는 등 단순조리과정을 거쳐 섭취하는 제품의 경우 측정용기(지름 40 mm, 높이 15 mm)에 옮겨 측정함

[2] 고기류, 젤리류, 찜류, 조림류로 점도 측정 불가

[3] 1개 이상 적합하여야 함

[4] 어패류(설탕첨가) 에너지(kcal/100 g)=(단백질×4.22)+(지질×9.41)+(탄수화물×3.87)

[5] 탄수화물 (%) = 100-(수분+단백질+지질+회분)

넙치 야채죽 넙치 야채죽 100 g 당 품질 특성

No	평가항목			고령친화식품의 규격		결과	판정
				기준	적용		
1	성상(점)			3.5점 이상	대상	4.7±0.3	적합
2	물성 단계	경도[1] (x 1,000 N/m^2)	1단계	50만 이하 ~ 5만 초과	대상	-	-
			2단계	5만 이하 ~ 2만 초과		22.6	적합
			3단계	2만 이하		-	-
		점도(mPa·s)[2]	3단계	1,500 이상		-	-
3	영양[3] 성분	에너지(kcal)[4]		-	비대상	89.5	-
		일반 성분	수분(g)	-	비대상	80.0±0.3	-
			단백질(g)	6 이상	대상	6.4±0.1	적합
			지질(g)	-	비대상	2.5±0.3	-
			탄수화물(g)[5]	-	비대상	10.3	-
			회분(g)	-	비대상	0.8±0.1	-
		비타민	A (μg RAE)	75 이상	대상	ND	부적합
			D (μg)	1.5 이상		5.20	적합
			C (mg)	10 이상		10.47	적합
			B_2 (mg)	0.15 이상		0.06±0.00	부적합
			B_3 (mg NE)	1.6 이상		0.51	부적합
		무기질	칼슘 (mg)	80 이상	대상	14.1	부적합
			칼륨 (mg)	350 이상		155.0	부적합
		식이섬유 (g)		2.5 이상	대상	0.02	부적합
		염도 (g)		-	비대상	0.4	-
		총아미노산 (g)		-	비대상	6.26	-
		지방산 (mg)		-	비대상	4,551.7	-
4	위생지표 세균	대장균군(살균제품에 한함)		n=5, c=0, m=0	비대상	-	-
		대장균(비살균제품에 한함)		n=5, c=0, m=0	대상	불검출	적합
5	소화율	-		-	비대상	94.2±0.7	-

[1] 물 등과 혼합하거나 가열하는 등 단순조리과정을 거쳐 섭취하는 제품의 경우 측정용기(지름 40 mm, 높이 15 mm)에 옮겨 측정함

[2] 고기류, 젤리류, 찜류, 조림류로 점도 측정 불가

[3] 1개 이상 적합하여야 함

[4] 곡류(백미) 에너지(kcal/100 g)=(단백질×3.96)+(지질×8.37)+(탄수화물×4.20)

[5] 탄수화물(%) = 100-(수분+단백질+지질+회분)

넙치 달걀찜 넙치 달걀찜 100 g 당 품질 특성

No	평가항목			고령친화식품의 규격		결과	판정
				기준	적용		
1	성상(점)			3.5점 이상	대상	4.8±0.2	적합
2	물성 단계	경도[1] (x 1,000 N/m^2)	1단계	50만 이하 ~ 5만 초과	대상	-	-
			2단계	5만 이하 ~ 2만 초과		-	-
			3단계	2만 이하		7.5	적합
		점도(mPa·s)[2]	3단계	1,500 이상		-	-
3	영양[3] 성분	에너지(kcal)[4]		-	비대상	132.7	-
		일반 성분	수분(g)	-	비대상	75.1±0.8	-
			단백질(g)	6 이상	대상	9.7±0.1	적합
			지질(g)	-	비대상	8.1±1.7	-
			탄수화물(g)[5]	-	비대상	6.3	-
			회분(g)	-	비대상	0.8±0.1	-
		비타민	A (μg RAE)	75 이상	대상	93.96	적합
			D (μg)	1.5 이상		5.63	적합
			C (mg)	10 이상		26.29	적합
			B_2 (mg)	0.15 이상		0.17±0.01	적합
			B_3 (mg NE)	1.6 이상		1.88	적합
		무기질	칼슘 (mg)	80 이상	대상	34.7	부적합
			칼륨 (mg)	350 이상		138.5	부적합
		식이섬유 (g)		2.5 이상	대상	0.05	부적합
		염도 (g)		-	비대상	0.6	-
		총아미노산 (g)		-	비대상	9.31	-
		지방산 (mg)		-	비대상	7,038.1	-
4	위생지표 세균	대장균군(살균제품에 한함)		n=5, c=0, m=0	비대상	-	-
		대장균(비살균제품에 한함)		n=5, c=0, m=0	대상	불검출	적합
5	소화율	-		-	비대상	92.2±0.3	-

[1] 물 등과 혼합하거나 가열하는 등 단순조리과정을 거쳐 섭취하는 제품의 경우 측정용기(지름 40 mm, 높이 15 mm)에 옮겨 측정함

[2] 고기류, 젤리류, 찜류, 조림류로 점도 측정 불가

[3] 1개 이상 적합하여야 함

[4] 곡류(백미) 에너지(kcal/100 g)=(단백질×3.96)+(지질×8.37)+(탄수화물×4.20)

[5] 탄수화물(%) = 100-(수분+단백질+지질+회분)

눈다랑어 함박스테이크 눈다랑어 함박스테이크 100 g 당 품질 특성

No	평가항목			고령친화식품의 규격		결과	판정
				기준	적용		
1	성상(점)			3.5점 이상	대상	4.7±0.3	적합
2	물성 단계	경도[1] (x 1,000 N/m^2)	1단계	50만 이하 ~ 5만 초과	대상	298.9	적합
			2단계	5만 이하 ~ 2만 초과		-	-
			3단계	2만 이하		-	-
		점도(mPa·s)[2]	3단계	1,500 이상		-	-
3	영양[3] 성분	에너지(kcal)[4]		-	비대상	194.8	-
		일반 성분	수분(g)	-	비대상	66.2±0.9	-
			단백질(g)	6 이상	대상	13.8±0.1	적합
			지질(g)	-	비대상	11.6±1.4	-
			탄수화물(g)[5]	-	비대상	6.8	-
			회분(g)	-	비대상	1.6±0.0	-
		비타민	A (μg RAE)	75 이상	대상	21.88	부적합
			D (μg)	1.5 이상		1.15	부적합
			C (mg)	10 이상		47.22	적합
			B_2 (mg)	0.15 이상		0.17±0.02	적합
			B_3 (mg NE)	1.6 이상		34.87	적합
		무기질	칼슘 (mg)	80 이상	대상	15.9	부적합
			칼륨 (mg)	350 이상		383.8	적합
		식이섬유 (g)		2.5 이상	대상	0.04	부적합
		염도 (g)		-	비대상	0.8	-
		총아미노산 (g)		-	비대상	12.67	-
		지방산 (mg)		-	비대상	15,012.5	-
4	위생지표 세균	대장균군(살균제품에 한함)		n=5, c=0, m=0	비대상	-	-
		대장균(비살균제품에 한함)		n=5, c=0, m=0	대상	불검출	적합
5	소화율	-		-	비대상	90.2±1.5	-

[1] 물 등과 혼합하거나 가열하는 등 단순조리과정을 거쳐 섭취하는 제품의 경우 측정용기(지름 40 mm, 높이 15 mm)에 옮겨 측정함

[2] 고기류, 젤리류, 찜류, 조림류로 점도 측정 불가

[3] 1개 이상 적합하여야 함

[4] 어패류(전분첨가) 에너지(kcal/100 g)=(단백질×4.22)+(지질×9.41)+(탄수화물×4.03)

[5] 탄수화물(%) = 100-(수분+단백질+지질+회분)

눈다랑어 달걀완탕

눈다랑어 달걀완탕 100 g 당 품질 특성

No	평가항목			고령친화식품의 규격		결과	판정
				기준	적용		
1	성상(점)			3.5점 이상	대상	4.3±0.5	적합
2	물성 단계	경도[1] (x 1,000 N/m²)	1단계	50만 이하 ~ 5만 초과	대상	-	-
			2단계	5만 이하 ~ 2만 초과		47.1	적합
			3단계	2만 이하		-	-
		점도(mPa·s)[2]	3단계	1,500 이상		-	-
3	영양[3] 성분	에너지(kcal)[4]		-	비대상	102.2	-
		일반 성분	수분(g)	-	비대상	79.6±1.3	-
			단백질(g)	6 이상	대상	11.7±0.1	적합
			지질(g)	-	비대상	4.2±0.6	-
			탄수화물(g)[5]	-	비대상	3.3	-
			회분(g)	-	비대상	1.2±0.0	-
		비타민	A (μg RAE)	75 이상	대상	5.03	부적합
			D (μg)	1.5 이상		ND	부적합
			C (mg)	10 이상		32.83	적합
			B_2 (mg)	0.15 이상		0.11±0.01	부적합
			B_3 (mg NE)	1.6 이상		34.76	적합
		무기질	칼슘 (mg)	80 이상	대상	16.8	부적합
			칼륨 (mg)	350 이상		167.4	부적합
		식이섬유 (g)		2.5 이상	대상	0.07	부적합
		염도 (g)		-	비대상	0.6	-
		총아미노산 (g)		-	비대상	11.36	-
		지방산 (mg)		-	비대상	3,713.5	-
4	위생지표 세균	대장균군(살균제품에 한함)		n=5, c=0, m=0	비대상	-	-
		대장균(비살균제품에 한함)		n=5, c=0, m=0	대상	불검출	적합
5	소화율	-		-	비대상	91.1±0.9	-

[1] 물 등과 혼합하거나 가열하는 등 단순조리과정을 거쳐 섭취하는 제품의 경우 측정용기(지름 40 mm, 높이 15 mm)에 옮겨 측정함

[2] 고기류, 젤리류, 찜류, 조림류로 점도 측정 불가

[3] 1개 이상 적합하여야 함

[4] 어패류(전분첨가) 에너지(kcal/100 g)=(단백질×4.22)+(지질×9.41)+(탄수화물×4.03)

[5] 탄수화물(%) = 100-(수분+단백질+지질+회분)

눈다랑어 토마토스튜 눈다랑어 토마토스튜 100 g 당 품질 특성

No	평가항목			고령친화식품의 규격 기준	고령친화식품의 규격 적용	결과	판정
1	성상(점)			3.5점 이상	대상	4.8±0.4	적합
2	물성 단계	경도[1] (x 1,000 N/m^2)	1단계	50만 이하 ~ 5만 초과	대상	-	-
			2단계	5만 이하 ~ 2만 초과		-	-
			3단계	2만 이하		14.9	적합
		점도(mPa·s)	3단계	1,500 이상		2,856	적합
3	영양[2] 성분	에너지(kcal)[3]		-	비대상	107.5	-
		일반 성분	수분(g)	-	비대상	78.3±1.4	-
			단백질(g)	6 이상	대상	9.7±0.1	적합
			지질(g)	-	비대상	3.9±0.1	-
			탄수화물(g)[4]	-	비대상	7.4	-
			회분(g)	-	비대상	0.7±0.1	-
		비타민	A (μg RAE)	75 이상	대상	23.72	부적합
			D (μg)	1.5 이상		1.81	적합
			C (mg)	10 이상		37.01	적합
			B_2 (mg)	0.15 이상		0.10±0.00	부적합
			B_3 (mg NE)	1.6 이상		54.62	적합
		무기질	칼슘 (mg)	80 이상	대상	28.9	부적합
			칼륨 (mg)	350 이상		300.0	부적합
		식이섬유 (g)		2.5 이상	대상	0.08	부적합
		염도 (g)		-	비대상	0.5	-
		총아미노산 (g)		-	비대상	19.86	-
		지방산 (mg)		-	비대상	3,338.3	-
4	위생지표 세균	대장균군(살균제품에 한함)		n=5, c=0, m=0	비대상	-	-
		대장균(비살균제품에 한함)		n=5, c=0, m=0	대상	불검출	적합
5	소화율	-		-	비대상	91.3±0.6	-

[1] 물 등과 혼합하거나 가열하는 등 단순조리과정을 거쳐 섭취하는 제품의 경우 측정용기(지름 40 mm, 높이 15 mm)에 옮겨 측정함

[2] 1개 이상 적합하여야 함

[3] 어패류(전분첨가) 에너지(kcal/100 g)=(단백질×4.22)+(지질×9.41)+(탄수화물×4.03)

[4] 탄수화물 (%) = 100-(수분+단백질+지질+회분)

고령친화수산식품 원료 수산물(어류)의 생태 및 형태 특성

고령친화수산식품의 원료 수산물은
눈다랑어, 고등어, 꽁치, 멸치, 삼치와 같은 적색육 어류 5종과
넙치, 명태, 참조기와 같은 백색육 어류 3종으로 하였다.

명칭 I 고등어의 명칭

명칭				
한국어	학 명	영 명	일 명	방 언
고등어	*Scomber japonicus*	Chub mackerel	Masaba	가라지, 고도리, 꼬등어, 소고도리, 열소고도리, 통소고도리, 고도리, 고도어, 고동어, 고망어, 고동어

출처 : 국립수산과학원 홈페이지/생물종정보(어류 검색 등), Retrieved from http://www.nifs.go.kr/ on Mar 5, 2020.

분류 I 고등어의 계통분류

계통 분류					
계	문	강	목	과	속
Animalia	Chordata	Actinopterygii	Perciformes	Scombridae	*Scomber*
동물	척삭동물	조기어	농어	고등어	-

출처 : 국립수산과학원 홈페이지/생물종정보(어류 검색 등), Retrieved from http://www.nifs.go.kr/ on Mar 5, 2020.

고등어의 형태, 생태 및 분포

항 목		특 성
형태	전장	–
	체장	· 1년생 25~30 cm / 2년생 32~35 cm / 3년생 35 cm 이상 · 다른 어류에 비하여 성장속도가 빠름
	체색	· 등쪽 : 녹청색 바탕에 청흑색의 물결무늬 · 배쪽 : 은백색으로 반점 없음
	체형	· 전체형 : 방추형 / 횡단면 : 타원형 · 두 부 : 주둥이는 뾰족한 편임 · 지느러미 : 등지느러미와 뒷지느러미 뒤쪽은 각각 5개씩 토막 지느러미가 있고, 꼬리자루는 매우 잘록하며, 꼬리지느러미는 잘 발달된 가랑이형임
생태	서식	· 난류를 따라 이동하는, 즉 온대성의 대표적인 회유성 어종 · 바닥이 모래인 곳에서 군집생활을 함 · 수온이 15℃ 이상이 되면 모래속에 들어가 겨울잠을 잠
	먹이	· 부유성 작은 갑각류, 오징어, 작은 어류 등 · 산란 후 왕성한 탐식성을 가지고, 이러한 활동을 월동장에 들어가기 전까지 실시함
	회유	· 난류성, 주광성, 군집 회유성, 탐식성 · 연안성, 표층~중층성, 야간 유영성임 · 봄~여름 : 따뜻한 물을 따라 북쪽 얕은 곳으로 이동하여 산란 및 먹이 섭취 · 가을~겨울 : 월동을 위하여 남쪽으로 이동하되, 특히 가을에는 깊은 곳으로 이동
	산란	· 시기 : 동중국해에서는 3~5월/제주도와 대마도 연안에서는 5~6월 · 장소 : 동중국해/제주도와 대마도 연안의 수층 50 m 지점 · 시간 : 야간 21~24시 · 횟수 : 산란 기간 중 여러 번 실시 · 기타 : 산란 후 1년이면 약 50% 성숙하고, 2년이면 산란에 참가
분포		· 우리나라 전 연근해, 전세계의 아열대 및 온대해역의 대륙붕 해역

출처 : 국립수산과학원 홈페이지/생물종정보(어류 검색 등), Retrieved from http://www.nifs.go.kr/ on Mar 5, 2020.

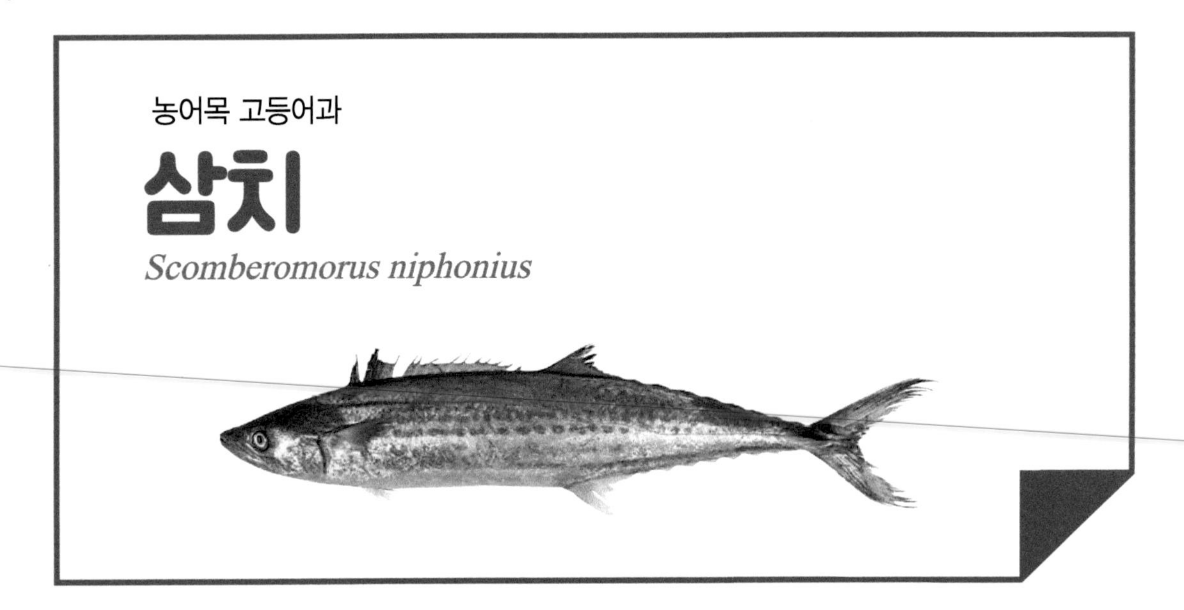

명칭 | 삼치의 명칭

명 칭				
한국어	학 명	영 명	일 명	방 언
삼치	*Scomberomorus niphonius*	Japanese Spanish mackerel	Sawara	마어, 망어, 망에, 고시, 야내기

출처 : 국립수산과학원 홈페이지/생물종정보(어류 검색 등), Retrived from http://www.nifs.go.kr/ on Mar 5, 2020

분류 | 삼치의 계통분류

계통 분류					
계	문	강	목	과	속
Animalia	Chordata	Actinopterygii	Perciformes	Scombridae	*Scomberomorus*
동물	척삭동물	조기어	농어	고등어	-

출처 : 국립수산과학원 홈페이지/생물종정보(어류 검색 등), Retrieved from http://www.nifs.go.kr/ on Mar 5, 2020.

삼치의 형태, 생태 및 분포

항목		특성
형태	전장	-
	체장	· 1년생 57 cm / 2년생 69 cm / 3년생 78 cm / 4년생 86 cm / 7년생 1 m 이상 · 다른 어류에 비하여 성장속도가 매우 빠름
	체색	· 등쪽 : 회청색 / 배쪽 : 은백색으로 금속성 광택 · 등·가슴·꼬리 지느러미 : 검은색 · 몸 옆구리 : 회색의 반점이 7~8줄 세로로 흩어져 있음
	체형	· 전체형 : 체고가 낮고, 가늘고 길게 측편 · 이빨 : 양 턱에 창모양으로 구부러져 날카롭고, 혀에도 존재 · 지느러미 : 제1등지느러미 기저는 매우 길며, 가장자리는 뒤쪽으로 갈수록 천천히 경사지고, 가슴지느러미의 뒤 가장자리는 움푹 들어가 있음 · 부레 : 없음 · 옆줄 : 1개로 물결모양이며, 아래 위 직각방향으로 가느다란 가시가 많이 있음
생태	서식	· 연근해의 표층~중층 사이에 주로 서식 · 바닥이 모래인 곳에서 군집생활을 함 · 제주 주변해역에서 동해 남부의 대한해협 주변까지 넓은 범위의 온대성 또는 아열대 지역의 대륙붕에 서식
	먹이	· 치어 : 갑각류, 작은 어류 등 / 성어 : 어식성으로 멸치, 까나리 등
	회유	· 우리나라 서해와 남해의 연안 표층에서 어군을 형성하여 이동하는 대표적인 회유성 어종 · 봄(3~6월): 산란 회유를 위하여 서해와 남해의 연안으로 이동 · 가을(9~11월): 색이 회유를 위하여 남쪽으로 이동 · 거문도 주변: 연중 분포
	산란	· 시기 : 동중국해에서는 3~5월 / 제주도와 대마도 연안에서는 5~6월 · 장소 : 동중국해 / 제주도와 대마도 연안의 수층 50 m 지점 · 시간 : 야간 21~24시 · 횟수 : 산란 기간 중 여러 번 실시 · 기타 : 산란 후 1년이면 약 50% 성숙하고, 2년이면 산란에 참가
분포		· 우리나라 전 연근해, 전세계의 아열대 및 온대해역의 대륙붕 해역

출처 : 국립수산과학원 홈페이지/생물종정보(어류 검색 등), Retrieved from http://www.nifs.go.kr/ on Mar 5, 2020.

동갈치목 꽁치과

꽁치

Cololabis saira

명칭 I 꽁치의 명칭

명 칭				
한국어	학 명	영 명	일 명	방 언
꽁치	*Cololabis saira*	Pacific saury	Sanma	청갈치, 추광어

출처 : 국립수산과학원 홈페이지/생물종정보(어류 검색 등), Retrieved from http://www.nifs.go.kr/ on Mar 5, 2020.

분류 I 꽁치의 계통분류

계통 분류					
계	문	강	목	과	속
Animalia	Chordata	Actinopterygii	Beloniformes	Scomberesocidae	*Cololabis*
동물	척삭동물	조기어	동갈치	꽁치	-

출처 : 국립수산과학원 홈페이지/생물종정보(어류 검색 등), Retrieved from http://www.nifs.go.kr/ on Mar 5, 2020.

꽁치의 형태, 생태 및 분포

항목		특성
형태	전장	–
	체장	· 성어: 25 cm (산란기 참여 체장) / 40 cm까지 성장
	체색	· 등쪽 : 진한 청색 · 배쪽 : 은백색 · 중앙 : 폭이 넓은 청색의 은빛띠 · 꼬리 : 육질부는 황갈색 · 지느러미 : 무색투명 · 아래 입술의 앞쪽 끝 : 암컷은 아래 입술의 앞쪽 끝이 선명한 올리브빛이고, 수컷은 오렌지빛
	체형	· 전체 체형 : 몸은 가늘고 길음 · 두부 : 앞 끝은 뾰족하고, 눈은 작고 머리의 중앙부에 위치하며, 아래턱이 위턱보다 돌출하여 있음 · 지느러미 : 발달 정도가 미약하여 등지느러미와 뒷지느러미가 몸의 뒤쪽에 치우쳐 있고, 가슴지느러미가 작으며, 배지느러미가 몸의 중앙에 위치 · 옆줄 : 몸의 복부쪽에 치우쳐 있음
생태	먹이	· 치어기 : 동물성 플랑크톤(요각류, 단각류 등) · 성장기 : 부유성 갑각류나 어린 물고기, 알 등
	회유	· 산란 회유 : 겨울기간 중 일본 남부해역으로 산란 회유를 실시함 · 색이 회유 : 여름기간 중 북해도 이북의 냉수역에서 먹이 활동을 하는 색이회유를 실시함
	산란	· 시기 : 5~8월 · 장소 : 동해 연안의 해조류나 표류물 · 기타 : 체장 25 cm 크기가 되면 산란에 참가
분포		· 우리나라 동남해, 일본에서 미국, 멕시코 연안에 이르는 북태평양 해역

출처 : 국립수산과학원 홈페이지/생물종정보(어류 검색 등), Retrieved from http://www.nifs.go.kr/ on Mar 5, 2020.

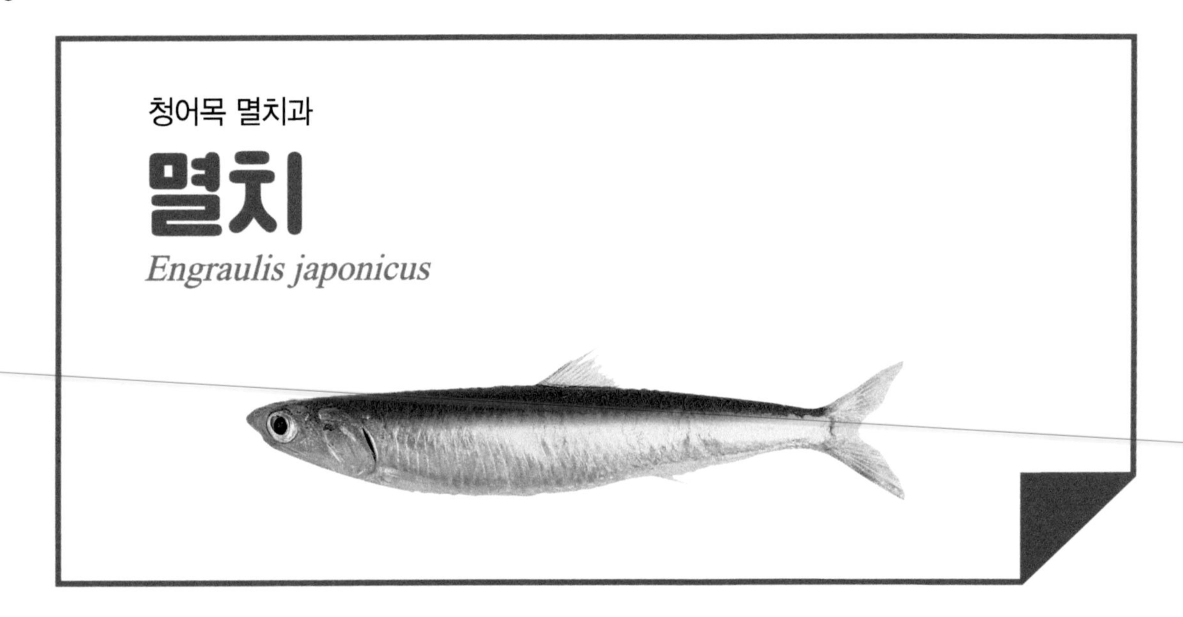

청어목 멸치과

멸치

Engraulis japonicus

명칭 I 멸치의 명칭

명 칭				
한국어	학 명	영 명	일 명	방 언
멸치	*Engraulis japonicus*	Japanese anchovy	Katakuchi -iwashi	맬치, 메르치, 메리치, 멜, 며루치, 행어, 멸오치, 멸, 명어치, 멸따구, 멧치, 열치, 돗자래기, 밀

출처 : 국립수산과학원 홈페이지/생물종정보(어류 검색 등), Retrieved from http://www.nifs.go.kr/ on Mar 5, 2020.

분류 I 멸치의 계통분류

계통 분류					
계	문	강	목	과	속
Animalia	Chordata	Actinopterygii	Clupeiformes	Engraulidae	*Engraulis*
동물	척삭동물	조기어	청어	멸치	-

출처 : 국립수산과학원 홈페이지/생물종정보(어류 검색 등), Retrieved from http://www.nifs.go.kr/ on Mar 5, 2020.

멸치의 형태, 생태 및 분포

항 목		특 성
형태	전장	–
	체장	· 봄 발생 무리 : 발생 후 1개월 3 cm 내외, 여름 후 5~7 cm, 가을 후 8~10 cm, 다음 해 봄 후 11~13 cm, 최대 15 cm · 가을 발생 무리 : 다음 해 가을 후 11~12 cm, 최대 15 cm
	체색	· 등쪽 : 짙은 청색 · 배쪽 : 흰색 · 옆구리 : 은백색의 세로줄
	체형	· 전체 : 가늘고 긴 원통형 · 두부 : 주둥이 돌출형 · 지느러미 : 등지느러미~몸 중앙에 위치, 가슴지느러미~배 쪽 가까이 위치 배지느러미~등지느러미보다 앞쪽에서 시작, 뒷지느러미~등지느러미보다 뒤쪽에 위치 · 비늘 : 배쪽 가장자리에 위치하지 않음 · 옆줄 : 없음
생태	서식	· 대륙붕 해역(수심 20 m 이내)에 위치 · 아침 : 5 m 내외, 낮: 10 m 층 내외, 저녁 : 표층에 서식
	먹이	· 플랑크톤, 요각류, 새우류의 유생, 규조류, 조개유생 등
	회유	· 봄 : 연안의 내만으로 들어옴 · 가을 : 남쪽 바깥바다로 이동 · 겨울 : 남쪽 바깥바다에 서식
	산란	· 시기 : 봄, 가을(2차례) · 장소 : 수심 200 m 이내인 대륙붕의 수심 20~30 m · 시간 : 한밤 중
분포		· 우리나라 전 연안, 일본 전 연안, 중국 연안

출처 : 국립수산과학원 홈페이지/생물종정보(어류 검색 등), Retrieved from http://www.nifs.go.kr/ on Mar 5, 2020.

명칭 I 명태의 명칭

명 칭				
한국어	학 명	영 명	일 명	방 언
명태	*Theragra chalcogramma*	Alaska pollock	Suketoudara	북어, 동태, 망태, 매태, 선태, 조태, 왜태, 애기태, 막물태, 강태, 은어바지, 섣달바지, 더덕북어, 명태어, 노가리 등

출처 : 국립수산과학원 홈페이지/생물종정보(어류 검색 등), Retrieved from http://www.nifs.go.kr/ on Mar 5, 2020.

분류 I 명태의 계통분류

계통 분류					
계	문	강	목	과	속
Animalia	Chordata	Actinopterygii	Gadiformes	Gadidae	*Theragra*
동물	척삭동물	조기어	대구	대구	-

출처 : 국립수산과학원 홈페이지/생물종정보(어류 검색 등), Retrieved from http://www.nifs.go.kr/ on Mar 5, 2020.

명태의 형태, 생태 및 분포

항 목		특 성
형태	전장	–
	체장	· 1년생 10~16 cm / 2년생 14~30 cm / 3년생 20~30 cm / 4년생 26~42 cm / 5년생 30~42 cm
	체색	· 등쪽 : 갈색 · 배쪽 : 흰색 · 옆구리 : 불규칙한 흑갈색 세로줄
	체형	· 전체 : 가늘고, 길며, 측편 · 두부 : 머리가 약간 뾰족함. 입은 크고, 위턱은 아래턱 보다 짧으며, 아래턱에 1개의 짧은 수염이 있음 · 지느러미 : 등지느러미 3개, 뒷지느러미 2개
생태	서식	· 대표적인 냉수성 어류 · 수심 50~450 m 되는 수층에서 수컷은 중층, 암컷은 저층에서 서식 · 군집성 어종임
	먹이	· 탐식성으로 작은 갑각류, 어류, 곤쟁이류, 오징어류 등
	회유	· 겨울 : 우리나라 동해안 포항근해까지 남하 · 봄 : 일본 북해도 서쪽 해안 또는 더 깊은 수층으로 이동
	산란	· 시기 : 12월~익년 2월
분포		· 우리나라 동해, 베링해, 오츠크해, 북태평양

출처 : 국립수산과학원 홈페이지/생물종정보(어류 검색 등), Retrieved from http://www.nifs.go.kr/ on Mar 5, 2020.

농어목 민어과

참조기

Larimichthys polyactis

명칭 | 참조기의 명칭

명 칭				
한국어	학 명	영 명	일 명	방 언
참조기	*Larimichthys polyactis*	Small yellow croaker	Kiguchi	노랑조기, 조구, 참조구, 황조구, 곡우살조기, 깡치

출처 : 국립수산과학원 홈페이지/생물종정보(어류 검색 등), Retrieved from http://www.nifs.go.kr/ on Mar 5, 2020.

분류 | 참조기의 계통분류

계통 분류					
계	문	강	목	과	속
Animalia	Chordata	Actinopterygii	Perciformes	Sciaenidae	*Larimichthys*
동물	척삭동물	조기어	농어	민어	-

출처 : 국립수산과학원 홈페이지/생물종정보(어류 검색 등), Retrieved from http://www.nifs.go.kr/ on Mar 5, 2020.

참조기의 형태, 생태 및 분포

항 목		특 성
형태	전장	· 1년생 15 cm / 2년생 24 cm / 3년생 29 cm / 4년생 33 cm / 5년생 35 cm
	체장	–
	체색	· 등쪽 : 회색 바탕에 황금색 · 배쪽 : 희거나 선명한 황금색 · 지느러미 : 등지느러미, 꼬리지느러미가 연한 황색 또는 갈색, 가슴지느러미, 배지느러미, 뒷지느러미가 선명한 황색
	체형	· 전체 : 타원형과 유사 · 두부 : 입이 크고, 아래턱이 윗턱 보다 약간 길며, 아래턱에 수염이 없음 · 옆줄 구멍 : 부세보다 큼
생태	서식	· 연안성 저서성 어류임 · 수심 40~160 m 바닥의 펄이나 모래에 서식
	먹이	· 동물성 플랑크톤(새우류, 젓새우류, 요각류)을 섭이하고, 때로는 작은 어류 등 섭이
	회유	우리나라 서해안 회유군의 경로는 다음과 같음 · 겨울 : 월동을 위해 서해안에서 제주도 남서쪽 및 중국 상해 동남쪽으로 이동 · 봄 : 난류세력을 따라 북상하여 연평도 근해에서 산란 및 먹이 섭취를 함 · 가을 : 남하함
	산란	· 시기 : 3~6월(남쪽일수록 빠르고, 북쪽일수록 늦음) · 장소 : 서해안 일대와 중국 연안해역 ※ 체장 12 cm 이상(암수 모두 2세어)이면 산란 가능
분포		· 우리나라 서·남해, 발해만, 동중국해

출처 : 국립수산과학원 홈페이지/생물종정보(어류 검색 등), Retrieved from http://www.nifs.go.kr/ on Mar 5, 2020.

명칭 I 넙치의 명칭

명 칭				
한국어	학 명	영 명	일 명	방 언
광어/넙치	*Paralichthys olivaceus*	Oliver flounder /Bastard halibut	Hirame	광에, 도다리, 광어, 넙

출처 : 국립수산과학원 홈페이지/생물종정보(어류 검색 등), Retrieved from http://www.nifs.go.kr/ on Mar 5, 2020.

분류 I 넙치의 계통분류

계통 분류					
계	문	강	목	과	속
Animalia	Chordata	Actinopterygii	Pleuronecti formes	Paralichthyidae	Not assigned
동물	척삭동물	조기어	가자미	넙치	-

출처 : 국립수산과학원 홈페이지/생물종정보(어류 검색 등), Retrieved from http://www.nifs.go.kr/ on Mar 5, 2020.

넙치의 형태, 생태 및 분포

항목		특성
형태	전장	· 5년생 85 cm, 최대전장
	체장	· 1년생 24 cm / 2년생 35 cm / 3년생 45 cm / 4년생 53 cm / 5년생 61 cm
	체색	· 눈이 있는 부위 : 흑갈색 바탕에 암갈색이나 유백색의 작은 둥근 반점이 고루 분포 · 눈이 없는 부위 : 흰색
	체형	· 전체 : 긴 타원형으로 측편하여 있고, 몸이 좌우 비대치이며, 눈이 모두 왼쪽에 위치함 · 두부 : 눈은 왼쪽에 치우쳐 있음 · 측선 : 가슴지느러미 부위에서 등쪽으로 활처럼 휘어져 있지만 가슴지느러미가 끝나는 지점에서 일직선으로 됨
생태	서식	· 저서성 어류임 · 서식 수온 : 8~18℃ · 대륙붕 (수심 10~200 m) 주변의 모래 바닥에 서식
	먹이	· 치어 : 젓새우류, 요각류 등의 소형 갑각류 · 성어 : 작은 어류, 갑각류(새우류, 갯가재류 등) 등 섭이
	회유	· 산업적 자원은 주로 양식산에 의존함 · 자연산에 한하여 다음과 같은 남북회유(겨울철 : 흑산도서방 해역에서 월동, 봄 : 북쪽 해역으로 이동하여 서해연안에 분포 서식, 가을 : 남하)를 실시함 · 양식산 : 제주가 주산지이고, 다음으로 전남(완도), 경남(거제) 등의 순임
	산란	· 시기 : 2~6월(성기 : 3~5월) · 장소 : 수심 20~40 mdls 바닥이 자갈 또는 암초지대로서 조류 소통이 좋은 곳의 연안 해역
분포		· 우리나라 전 연안, 일본 및 남중국해

출처 : 국립수산과학원 홈페이지/생물종정보(어류 검색 등), Retrieved from http://www.nifs.go.kr/ on Mar 5, 2020.

농어목 고등어과

눈다랑어

Thunnus obesus

명칭 I 눈다랑어의 명칭

명 칭				
한국어	학 명	영 명	일 명	방 언
눈다랑어	*Thunnus obesus*	Bigeye tuna	Mebachi	눈다랭이

출처 : 국립수산과학원 홈페이지/생물종정보(어류 검색 등), Retrieved from http://www.nifs.go.kr/ on Mar 5, 2020.

분류 I 눈다랑어의 계통분류

계통 분류					
계	문	강	목	과	속
Animalia	Chordata	Actinopterygii	Perciformes	Scombridae	*Thunnus*
동물	척삭동물	조기어	농어	고등어	-

출처 : 국립수산과학원 홈페이지/생물종정보(어류 검색 등), Retrieved from http://www.nifs.go.kr/ on Mar 5, 2020.

눈다랑어의 형태, 생태 및 분포

항 목		특 성
형태	전장	· 약 250 cm
	체장	· 1년생 55 cm / 2년생 75 cm / 3년생 100 cm / 4년생 120 cm / 5년생 140 cm / 6년생 160 cm
	체색	· 등쪽 : 암청색 · 배쪽 : 은백색 · 등지느러미 : 회색이나, 가장자리 연한 황색
	체형	· 전체 : 방추형으로 뚱뚱하고, 체고가 높으며, 측편함 · 두부 : 머리와 눈이 크며, 양턱의 이빨은 강함 · 비늘 : 몸 전체에 작은 둥근 비늘이 덮혀 있음 · 지느러미 : 가슴지느러미가 길고, 제2등지느러미의 기부를 지남 제2등지느러미 / 뒷지느러미가 뒤쪽에 각각 8개의 토막지느러미가 있음 꼬리지느러미가 가랑이형으로, 상하 방향이 짧고, 좌우 방향이 길음
생태	서식	· 수온 : 10℃ 이상 · 수심 : 20~120 m(다랑어 중 가장 깊음) 지역에서 서식하고, 치어일수록 표층 가까이에 서식
	먹이	· 치어 : 동물성 플랑크톤 및 치어 · 성어 : 어류, 두족류, 갑각류
	회유	· 색이장(고위도 해역)과 산란장(열대해역)을 계절에 따라 남북회유 함
	산란	· 시기 : 3~6월 · 장소 : 태평양(수온 24℃ 이상의 열대 해역) · 기타 : 120 cm 정도(대략 4년생)이면 산란에 참가함
분포		· 한국 남해, 일본의 남해, 전 대양의 열대 및 온대 해역

출처 : 국립수산과학원 홈페이지/생물종정보(어류 검색 등), Retrieved from http://www.nifs.go.kr/ on Mar 5, 2020.

어르신을 위한
밥상은
따로있다!

고령친화 수산식품

어르신을 위한 밥상은 따로있다

1판 1쇄 인쇄 2022년 12월 15일
1판 1쇄 발행 2022년 12월 26일
저　　자 국립수산과학원
발 행 인 이범만
발 행 처 **21세기사** (제406-2004-00015호)
경기도 파주시 산남로 72-16 (10882)
Tel. 031-942-7861　　Fax. 031-942-7864
E-mail : 21cbook@naver.com
Home-page : www.21cbook.co.kr
ISBN 979-11-6833-050-4

정가 20,000원